王世祥　主编

变电站继电保护

中国电力出版社
CHINA ELECTRIC POWER PRESS

内 容 提 要

本书详尽地讲解了变电站继电保护运行维护的实用知识,主要内容包括继电保护工作介绍、继电保护工作常用仪器仪表及其现场应用、电气主接线方式与继电保护配置、保护及二次回路基本知识、保护装置及二次回路调试验收、继电保护现场缺陷分析与处理、继电保护动作录波图识读、变电站继电保护工作票及二次安全技术措施单、继电保护防"三误"事故措施、电网继电保护反事故措施选编等。

本书力求理论联系实际,内容与现场紧密结合,由浅入深,图文并茂,有助于继电保护人员特别是新入职人员快速领会和掌握继电保护的工作流程和基本方法,有助于提高继电保护培训的效果,可作为变电站继电保护运行维护实用指南,亦可作为电力职工的培训教材及自学参考书。

图书在版编目(CIP)数据

变电站继电保护运行维护实用指南/王世祥主编. —北京:
中国电力出版社,2013.12(2022.2 重印)
ISBN 978 - 7 - 5123 - 5355 - 8

Ⅰ. ①变… Ⅱ. ①王… Ⅲ. ①变电所-继电保护-指南
Ⅳ. ①TM77 - 62

中国版本图书馆 CIP 数据核字(2013)第 300113 号

中国电力出版社出版、发行

(北京市东城区北京站西街 19 号 100005 http://www.cepp.sgcc.com.cn)
北京雁林吉兆印刷有限公司印刷
各地新华书店经售

*

2013 年 12 月第一版 2022 年 2 月北京第三次印刷
710 毫米×980 毫米 16 开本 13.25 印张 236 千字
印数 6501—7500 册 定价 48.00 元

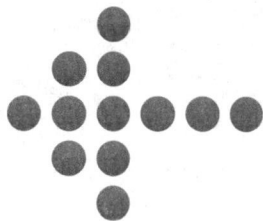

前　言

继电保护是电网安全稳定运行的"静静哨兵"。电网正常运行时，继电保护装置实时监视设备及系统状态；电网异常或故障时，继电保护装置必须迅速做出反应，确保一次设备安全，避免故障范围进一步扩大。保证继电保护设备及其二次回路的完好性与正确性，是确保电网设备正常运行的关键，也是电力系统继电保护运行维护工作的主要内容。继电保护技术要求高、设备种类多、二次回路复杂、工作危险点多、风险控制难度大，给现场运行维护工作带来了很大的困难。目前，系统讲解继电保护运行维护的实用指导书比较少，工作在生产一线的继电保护维护人员如何快速掌握运行维护的基本技能和标准化操作方法，以及如何做好风险控制和防范，已成为继电保护专业培训的关注点。

本书是在总结多年现场工作及培训经验的基础上编写而成的，旨在快速提高继电保护人员的运行维护技能，使其快速掌握继电保护专业运行维护工作的规范流程和方法，有效控制继电保护的运行维护风险。本书结合大量现场实际情况，分析了继电保护专业人员在现场运行维护工作中需要开展的工作和可能遇到的实际问题，讲解了继电保护人员需要掌握的岗位技能，有助于现场运行维护人员特别是新入职人员快速入门、提升技能水平。

本书由深圳供电局有限公司的王世祥同志主编，参加编写的还有深圳供电局有限公司的钱敏等24位同志。在本书的编辑及出版过程中，得到了许多领导和专家的指导和帮助，在此谨表示衷心的感谢。本书仅从继电保护运行维护实用技能的快速入门出发，主要来源于现场的工作经验，加之编者水平有限，不妥之处在所难免，恳请各位专家及读者批评指正。

编　者
2013 年 8 月

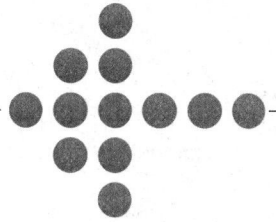

目 录

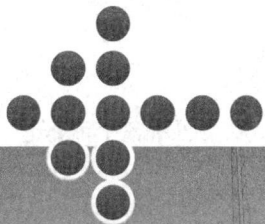

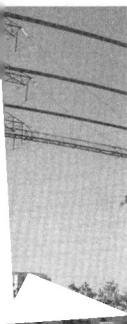

1

继电保护工作介绍

1.1 概　　述

　　了解继电保护工作的各项内容及其基本流程，有利于新员工快速进入继电保护工这个角色。

　　变电站继电保护工作的内容包括变电站的继电保护、安全自动装置、相关二次设备及二次回路的维护管理等，有些供电单位的继电保护工作还包括站内电源系统、变电站自动化系统及相关二次设备的维护管理。按照工作内容的不同，变电站继电保护工作大致可分为保护定检、工程验收、缺陷消除、定值执行、故障分析、日常巡视等几大类。保护定检的全称是保护定期检验，主要是根据检验规程规定的周期和项目对二次设备进行检验，有时在定检的过程中还会执行新颁布的反事故措施（简称反措）；工程验收的全称是工程验收检验，主要是在新安装的一次设备投运前或在现有的一次设备上投入新安装的二次设备前的检验；消缺的全称是消除缺陷，主要是在设备运行中出现了异常或故障后进行的处理工作；定值执行主要是根据调度部门下发的继电保护或安全自动装置定值单进行装置定值的输入整定；日常巡视工作指的是专业巡视，区别于运行人员的日常巡视，通过专业巡视实现设备的状态检修，为设备定检、维护提供数据参考。

1.2 工 作 流 程

　　虽然继电保护工作有若干类，但其工作流程大体一致，如图 1-1 所示。下面对整个流程进行介绍：

（1）下达工作任务。班长（或者专责）向工作班组派发工作任务，部分工作还需要交待危险点和控制措施等，具体形式可以是当面、短信、电话或者书面通知。

（2）准备工作。工作负责人在收到工作任务后需要组织工作班成员完成准备工作，包括填写工作票，准备所需的图纸资料、作业指导书、仪器仪表和工器具，部分工作还需要准备备品备件。

（3）召开工前会。工前会由工作负责人向工作班成员介绍本次工作的工作内容、工作时间、工作地点、工作分工、满足工作所需的一次和二次设备状态及本次工作的风险点和注意事项。

（4）检查安全措施。主要是工作票许可人对工作负责人的安全技术交底，确认工作票中所提出的一次、二次设备状态已满足工作需要。检查一次设备状态，如断路器、隔离开关、接地开关的状态是否满足工作要求，相邻运行设备的带电距离是否足够，对应的围栏、红布帘、标示牌设置是否到位；二次设备状态，连接片的投退、空气开关的投断及转换开关的位置等是否正确。安全措施主要是为了保障工作班成员不触电，以及工作过程中不影响其他运行设备。

（5）履行工作票许可手续。工作负责人和工作许可人在确认工作条件满足后，双方需要在工作票上签名。此外，工作负责人还需将检查结果向本工作班组成员说明。

（6）执行二次安全措施。该步骤要根据不同的工作来决定，在工作票填写时需确认是否需要执行二次安全措施。这里的措施主要是对工作票中的措施的补充，是工作中需要满足而又无法由工作票许可人操作的。例如，在测量电流回路绝缘前，需解开接地点。

（7）现场作业。此时才进入工作正题，若是定检工作则需对装置及回路进行检验，若是消缺工作则需根据现象查找原因，该步骤的具体内容将在后面详细讲解。

（8）恢复二次安全措施。该步骤与（6）相对应，若之前没有执行二次安全措施，则此处不用恢复安全措施。

（9）确认设备已恢复到工作前状态。该步骤主要检查设备有无信号未复归、空气开关是否已按开工前投退，确保设备已恢复到工作前状态。

（10）清理工作现场。保证工作现场整洁，避免遗漏工器具、图纸资料、杂物等。

（11）填写工作记录。将此次工作的内容及结果记录在二次设备维护记录本上，并告知运行人员。

（12）履行工作票终结手续。运行人员确认工作结果后，办理工作票终结手续。

（13）向班长汇报工作结果。

（14）资料归档。将此次工作的试验数据、工作记录进行归档，对有设备变更的还需更新设备台账。

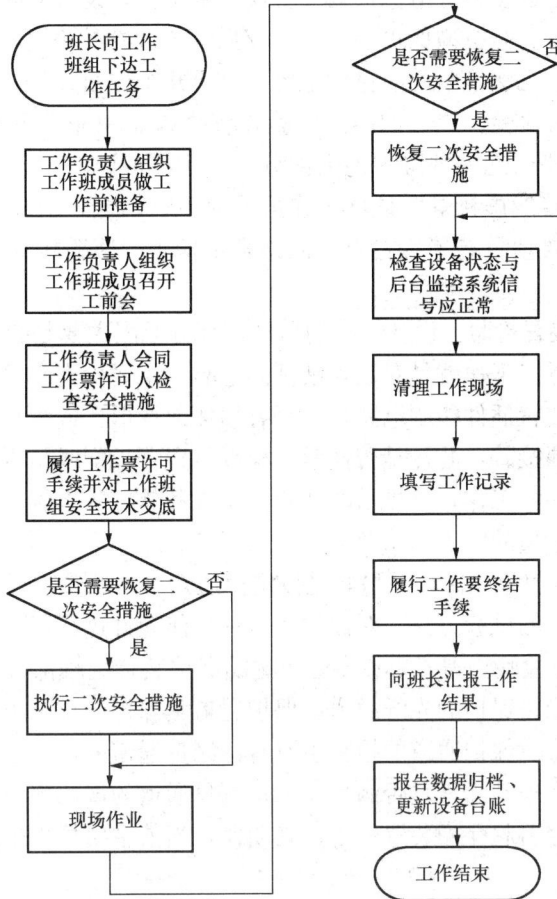

图 1-1 继电保护工作流程

1.3 保护定检

保护定检工作根据检验项目的不同可以分为全部检验（简称全检）、部分检验（简称部检），以及用装置进行断路器跳、合闸试验等。根据 DL/T 995—

2006《继电保护和电网安全自动化装置检验规程》的要求，新安装的装置在投运后一年内必须进行第一次全检，之后微机型装置和保护通道每 6 年进行一次全检、每 2～3 年进行一次部检；非微机型装置每 4 年进行一次全检、每年进行一次部检。设备运行过程中若出现较差状况或暴露出需要予以监督的缺陷，可以考虑适当地缩短部检周期。

各供电单位已逐步将继电保护装置更换为微机型，设备厂商也基本不再生产非微机型保护装置。微机型保护装置具有较强的"自检"功能，所以定检要着重检验"自检"功能无法检验的项目。主要有以下几个方面：

（1）二次回路检验。二次回路的检验在整个检验中非常重要，设备在实际运行中因二次回路引起的缺陷占绝大部分，其主要故障有二次接线错接、二次接线松脱、二次接线虚接等。该项工作虽然简单、枯燥，但却非常有成效。二次回路检验的主要项目有绝缘检查、回路寄生检查、回路接地检查及回路功能性检查。

（2）屏柜及装置检验。设备缺陷的另外一部分原因主要是装置硬件损坏，所以定检的另一项重点工作就是对装置硬件的检验。主要检查装置内、外部是否清洁无积尘；检查装置插件印刷电路板是否有损坏或变形，连线是否连接良好；检查装置元件是否焊接好，芯片是否插紧；检查装置背板配线是否连接良好等。装置通电后，应能正常工作，且显示的装置的硬件和软件版本号、校验码等信息符合要求，装置开关量的输入回路及输出回路正确。

（3）装置整定值检验。该项检验是按定值通知单上的整定项目，依据装置说明书或制造商推荐的试验方法，对保护的每一功能元件进行逐一检验。

（4）保护通道检验。需要采集多端数据的保护装置一般都有保护通道及其配套设备，例如，线路保护的光纤通道。保护通道是保护的重要组成部分，在定检中需对其进行检验。保护通道的检验主要有：测量通道的传输衰耗，通过测量通道两侧的收发电平来判断其是否满足要求；测量通道的误码率和传输时间，若其超过规定值，将会引起保护装置的不正确动作，当前主要规程中要求误码率不超过 10^{-7}。

（5）整组试验。做完每套保护（元件）的单独检验后，需要统一对被保护设备的所有保护装置进行整组试验，以校验各装置及重合闸的动作情况和保护回路设计的正确性及其调试质量。试验方法为：在装置外部通入电流和加上电压，完全模拟一次系统的区内、区外故障，查看保护装置动作情况及断路器动作情况。对于母线差动保护、失灵保护及电网安全自动装置的整组试验，定检时允许用导通方法验证每一断路器接线的正确性。一般情况下，母线差动保护、失灵保护及电网安全自动装置回路的设计及接线的正确性，要根据每一项检验结果（尤其是电流、电压的极性关系）及保护本身的相互动作检验结果来判断。

1.4 工　程　验　收

验收工作主要在新安装的一次设备投入运行前或者在现有的一次设备上安装二次设备投入运行前进行。由于验收是设备投入运行前最关键的一个环节，同时设备在投入运行前具有较好的检验条件，如母线差动保护在验收时可以带断路器传动，所以其验收的项目比定检的项目更多、更细致。设备投入运行前进行细致周密的验收检验工作，能及时处理工程实施中存在的错误和缺陷，大大减少运行中的缺陷量，提升继电保护装置的可靠性。

下面就验收要做的一些检验项目进行说明，并对较前面定检项目增加的内容进行补充。

（1）电流、电压互感器检验。检验的具体项目包括：所有绕组的极性（这里所有电流、电压互感器基本相同，大部分保护装置均需要明确的电流、电压互感器极性以进行方向性的判别），绕组的分布是否合理、有无死区，各绕组的准确级及容量是否满足要求等。电流互感器一般需要测量各绕组的伏安特性、内阻和负载阻抗。有条件的，还可以自电流互感器（或电压互感器）的一次侧分相通入电流（或电压），检查工作抽头或绕组的变比及回路是否正确。

（2）二次回路检验。该项目与定检不一样的地方主要是所有的信号必须在源头以实际模拟方式检验，与其他装置有联系的回路在条件允许的情况下也要实际模拟，而不能通过短接接点方式进行检验。

（3）屏柜及装置检验。该项需要增加逆变电源的检查。定检时只测量额定电压下各级输出的电压值，而验收检验时还需检验直流电源缓慢上升时的自启动性能。具体方法为合上装置逆变电源插件上的电源开关，试验直流电源由零上升至80％额定电压值，此时逆变电源插件面板上的电源指示灯应亮。固定试验直流电源为80％额定电压值时，拉合直流开关，逆变电源应可靠启动。

（4）装置整定值检验、保护通道检验和整组试验。该部分与定检完全同，不再赘述。

（5）一次电流及工作电压检验。即带负荷测试，它是通过实际运行的负荷再次检验回路及装置设置是否正确，主要测量电压、电流的幅值及相位关系，用于判断各类保护的差流、功率是否满足要求。对使用电压互感器三次电压或电流互感器零序电流的装置尤其要注意，因为正常情况下电压互感器三次电压或电流互感器零序电流是没有输出的，若回路不正确可能导致故障时保护不能正确动作。

1.5 缺 陷 消 除

设备在运行过程中难免会出现异常或故障，为了确保电网的正常运行，防止事故范围的扩大，需要对异常或故障进行及时处理，这类工作统称为消缺工作。缺陷按照严重程度可划分为紧急缺陷、重大缺陷、一般缺陷。紧急缺陷主要指装置及其二次回路存在的缺陷，这些缺陷会对人身安全造成威胁，影响一次设备运行，导致保护不正确动作，还会使设备失去主保护；重大缺陷指装置及其二次回路发生异常状态，可能导致不正确动作，严重威胁电网安全运行，必须立即着手处理的缺陷；剩余的均属于一般缺陷。不同等级的缺陷要求处理的时限也不一样。

设备缺陷的现象千差万别，实际的处理过程难以形成固定的流程和方法，但总体步骤大致可分为三步。

（1）收集缺陷现象。不同类型的缺陷会有不同的缺陷现象，即使同一类型缺陷在不同运行环境下，如一次运行方式不同，也会有不同的现象，所以收集缺陷现象越多就越有利于后面的原因分析。

（2）分析缺陷原因。该步骤是整个缺陷处理中最难的也是最关键的。有些缺陷的现象很少，而且有些现象还是干扰信息，所以需要对所有现象进行综合判断。这就要求处理者对整个装置的原理及二次回路的构成相当熟悉，同时还要有一定的经验积累。

（3）提出控制措施。在判断出缺陷原因后需提出对应的控制措施，对更换备品备件或者变更二次回路就能消除的，应及时处理；对不能立即处理的，应采取必要的措施，防止缺陷继续发展，避免可能带来的不良后果。

1.6 定 值 执 行

定值执行是依据保护定值通知单对保护装置、电网安全自动装置进行参数设置，该工作是继电保护中最常见的，也是最简单的工作，同时也是最容易出错的工作。继电保护中的"三误"之一就是"误整定"。为杜绝"误整定"，定值执行工作应注意以下事项：

（1）检查保护定值通知单的完整性。这是在收到保护定值通知单后首先要做的工作，主要检查保护定值通知单中保护设备参数是否与现场一致，避免将其他设备的保护定值通知单整定到本装置。检查字迹是否清晰，若字迹模糊不清应当立即联系整定计算人进行核实；检查保护定值通知单的项目与装置是否对应、一致，杜绝出现漏整定；检查整定计算人等签名是否齐全，确保保护定值通知单已是完成审批流程的可执行定值单。

（2）定值执行后的校核。定值执行后的校核是将保护装置执行后的打印定值与保护定值通知单进行校核，确保二者完全一致。同时，对已执行过保护定值通知单的还需将新旧保护定值通知单进行比对，确认更改项目与本次定值执行原因相符。

（3）定值执行后的归档与反馈。定值执行后，执行人、校核人等需要在保护定值通知单和定值回执单上签名确认，记录所执行的单号、执行结果等。对于定值执行中存在的问题还应及时反馈，以便调度部门及时更正。

1.7 事 故 处 理

事故处理是系统出现设备跳闸后进行的一系列分析和处理工作。事故处理的一般原则为先快速复电再查找故障原因。事故处理过程中，继电保护人员需要尽快到达现场，收集所有保护动作信息，包括保护动作报告、其他保护启动报告、保护动作指示灯、故障录波报告、监控后台 SOE 等，综合所有信息初步判断保护动作是否正确，提供所有信息及参考意见给相关部门及专业，以便快速判断故障点位置，决策如何快速复电。事故处理完成后，继保人员还需要在规定的时间内上报正式的保护动作分析报告，对保护不正确动作的，需调查其详细原因，并对问题提出整改措施，对同类型设备进行排查。

1.8 日 常 巡 视

日常巡视主要是通过目测或一些简单的测量来判断设备的运行状况。继电保护的日常巡视有别于运行的日常巡视，其更加注重保护及二次回路的运行状况分析，除了查看装置的指示、连接片的投退、空气开关的投断和标示的正确与否外，还需要查看装置采样、开入通道是否正确，并对差流等关键数据进行分析，以综合判断设备的运行状况。因此，在巡视过程中应做到对任何异常都不放过，一定要深究其原因，争取做到早发现、早预防、早解决。

本章思考题

1. 继电保护工作流程有哪些基本步骤？
2. 保护定检工作根据检验项目的不同可以分为哪些？

3. 保护定检工作重点检查哪些内容?

4. 继电保护缺陷消除总体可分为哪些步骤?

5. 为杜绝"误整定",定值执行工作的注意事项有哪些?

6. 继电保护事故处理的一般原则是什么?

7. 巡视工作的主要内容是什么?

8. 继电保护工作还需要注意哪些方面?

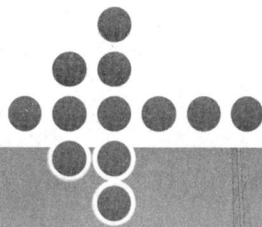

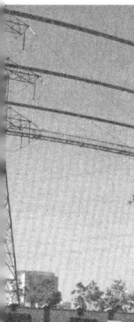

2

继电保护工作常用仪器仪表及其现场应用

2.1 概　　述

在电气设备安装、试验、维护、检修等工作中常需要借助各种仪器仪表及工具。万用表如图 2-1 所示；钳型电流表如图 2-2 所示；绝缘电阻表如图 2-3 所示；光功率计如图 2-4 所示。在使用各类仪器仪表及工具时，如果方法不当可能会引起许多问题，如保护跳闸、人身触电等事故。基于上述原因，本章将对继电保护工作中如何正确使用仪器仪表及工具，以及使用中存在的问题与防范措施进行归纳总结，帮助读者掌握正确使用常用仪器仪表及工具的基本技能。

图 2-1　万用表　　　　　　　　图 2-2　钳型电流表

图 2-3 绝缘电阻表

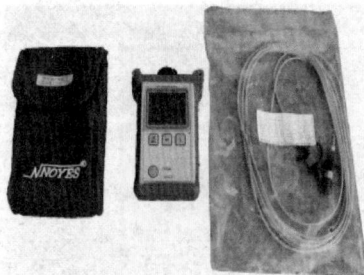

图 2-4 光功率计

2.2 万 用 表

2.2.1 外观介绍

万用表是继电保护工作中最重要、最常用的测量仪器之一。

万用表又称多用表，常见的有指针万用表和数字万用表两大类。随着数字技术的发展，数字万用表已成为工作中的主要测量仪器。本节主要以常用的FLUKE 115C数字万用表（简称数字万用表）为例进行介绍。

数字万用表采用大规模集成电路和数字显示技术，具有结构轻、精度高、输入阻抗高、显示直观、功能全、用途广以及自动转换等优点。

数字万用表的面板上有液晶显示屏、量程转换开关、测试笔和测试笔插孔，以及其他功能按键等，如图 2-5 所示。

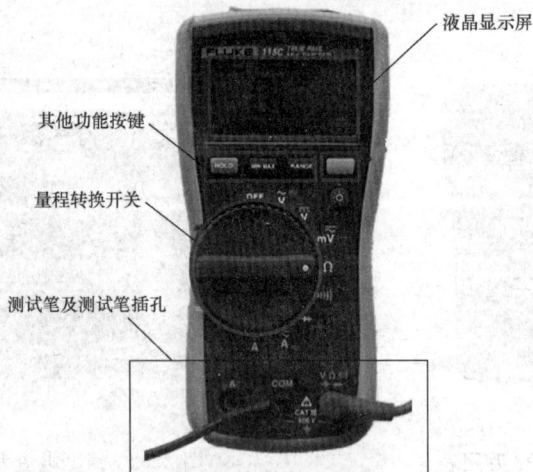

液晶显示屏

其他功能按键

量程转换开关

测试笔及测试笔插孔

图 2-5 万用表外观

（1）液晶显示屏。数字万用表液晶显示屏位于表的上部，可直接以数字形式显示测量值。

（2）量程转换开关。量程转换开关位于表的中部，用于选择测量项目，需与测量目标切实对应，各符号的含义为：$\tilde{V}$——测量交流电压量；$\overline{\overline{V}}$——测量直流电压量；$m\tilde{V}$——测量毫伏级交直流电压量；Ω——测量电阻；))))——测量回路通断，回路导通则发出蜂鸣声；$\rightarrow\!\!\mid$——测量二极管；$\overline{\overline{A}}$——测量直流电流量；$\tilde{A}$——测量交直流电流量。

（3）测试笔及插孔。测试笔及插孔位于表的底部，有 3 个测试笔插孔。标有"COM"的为公共插孔，通常插入黑测试笔；标有"$\text{V}\Omega\!\!\!\!-\!\!\mid\text{))))}$"的插孔用于测量电阻、交直流电压量、回路通断和二极管；标有"A"的插孔用于测量交直流电流量。用户可根据需要在相应的插孔内插入红测试笔。

2.2.2　使用方法及注意事项

本节以使用万用表检查二次回路故障为例来说明其使用方法及预防要点。

所有二次回路的故障处理均以元件动作结果为前提，根据上级元件动作的条件，检查条件是否满足，对照图纸逐个元件逐级进行分析，借助仪表，不断缩小范围直至找出故障点。

二次回路故障主要表现为回路开路和回路短路，下面以 TA 二次回路（A相）为例介绍用万用表查找二次回路故障点的方法。TA 二次回路（A 相）接线如图 2-6 所示。

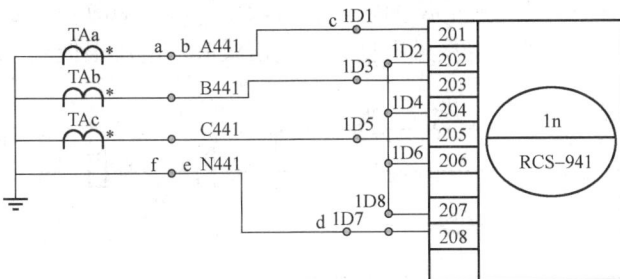

图 2-6　TA 二次回路（A 相）接线

2.2.2.1　检查回路开路

1. 导通法

这种方法是用万用表的)))) 或 Ω 挡来测量两点间的电阻值。导通法的基本原理是：接触良好的触点两端电阻值为零（导通发出蜂鸣声）；接触不良时，有一定的电阻值；未接通时，两端的电阻为无穷大。

在控制室将被检查保护屏上 1D1、1D3、1D5、1D7 端子排两端的接线断开，左侧为 TA 二次绕组，右侧为保护绕组。将万用表打在 ⁙)) 或 Ω 挡，一支测试笔固定在"f"点，另一支测试笔放在"a"点导线上。若蜂鸣，则证明 TA 内部 A 相二次绕组未开路；若万用表指示为无穷大或数值与正常值相差过大时，则说明该段回路开路。检查该段范围内的 TA 内部 A 相二次绕组连接点的连接线情况，就可以检查到开路的地方。

也可以在控制室内通过测量"c"与"d"之间的电缆侧电阻值来确定是否存在开路故障点，方法与测量"f"与"a"点的方法相同。

预防要点：

（1）如果检查过程中被测点与固定点的距离很远，无法将测试笔固定在"f"点时，可以采用分段检测的办法，但必须防止漏测。

（2）使用导通法时，必须注意被测元件是否有并联回路。若有，且对它有影响时，必须将其断开，否则会造成误判断。

（3）若回路中有电源必须先断开被测回路的电源，否则会烧坏表计。

2. 电压降法

这种方法是用万用表的电压挡测回路中各元件上的电压降，无需断开电源。下面以断路器跳闸监视回路为例介绍电压降法查找故障点的方法，断路器跳闸监视回路如图 2-7 所示。其基本原理是：当回路接通时，接触良好的触点两端电压差为零；若不为零或为电源电压，则此触点接触不良或未接通；若线圈两端电压正常而继电器不动作，则线圈断线；若有两个以上不通时，不通点向任一元件的两端均无电压；若某一点接触不良，则电压线圈的电压很低。

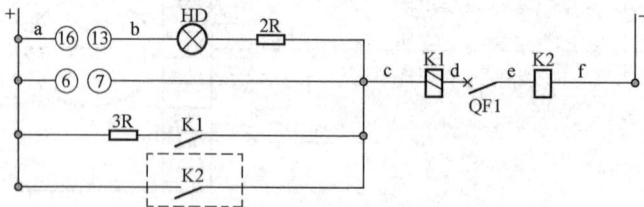

图 2-7 断路器跳闸监视回路

将万用表的"黑"测试笔固定在图 2-7 所示的负极"f"点上，用"红"测试笔先触及"a"点，此时表计指示为全电压时，表明电源及表计良好。然后将"红"测试笔依次向"b""c""d""e"点移动，当发现表计指示为 0 时，则表明故障断开点在该点与前一点之间。当被测点与固定点的距离很远时，可以将万用表的"黑"测试笔固定在同屏的另一负极点上。

电压降法也可以将"红"测试笔固定在图 2-7 所示的正极"a"点上,"黑"测试笔从"f"依次向正极方向各点移动测量。也可采用测量每个元件两端电压的方法。断路器拒动,继电器、接触器等不动作时,都可以采用这种方法。

预防要点:

(1)用电压降法时,必须注意被测元件是否有并联回路。若有并联回路,且对它有影响时,必须将其断开,否则会造成误判断。

(2)如果不知被测电压的范围,需将功能开关置于最大量程并逐渐下调。

(3)如果显示屏只显示"1",说明已超过量程,需调高一挡,调挡时应切断输入电压。

(4)该仪表不能用于测量有效值高于 600V 的交直流电压。

(5)测量高电压时,需保持安全距离,避免触电。

(6)严禁使用电阻挡、电流挡、电容挡等去测量电压。

3. 对地电位法

回路中各点都有相应的对地电位,测量前,分析被测回路各点对地电位,再测量检查,将分析结果和所测值以及极性相比较,判断出故障点。这种方法一般用来查找直流二次回路的故障点,不需要断开电源,使用万用表的直流电压挡进行测量。测对地电位时,读数应为电源电压的 1/2 左右,若某点的电位为零,则说明该点两侧都有断开点。

在断路器合闸回路正常情况下,图 2-7 所示"a"~"e"之间的接点对地都应有电位(电源电压的 1/2),且由于分压电阻的影响,电位数值呈下降趋势。

"f"点对地有固定负电位(电源电压的 1/2)。如果回路有一个断开点,则以该断开点为界,靠"a"端的回路各点对地都有正电位,靠"f"端的回路各点对地都有负电位;如果有两个或两个以上断开点,则以左右两端最靠近"a""f"的断开点为界,中部电位皆为零。

两侧电位分析同上。具体方法:测量时将万用表"黑"测试笔接地(接地铜排或接地的金属外壳),"红"测试笔依次由图 2-7 所示的"a"点往"b""d""e"点移动,若该点测得数值与之前分析一致,则表示"a"点与该点之间回路正常;如果数值不一致,则说明故障点在该点与前一点之间。

预防要点:

(1)如果被测元件有并联回路,应用导通法进行测量。

(2)如果不知被测电压的范围,需将功能开关置于最大量程并逐渐下调。

(3)如果显示器只显示"1",则说明已超过量程,需调高一挡,调挡时应切断输入电压。

（4）不要测量有效值高于 600V 的交直流电压，会损坏万用表内部线路和造成人身伤害。

（5）测试笔连接到电源或负载两端上，"红"测试笔所接端的极性将在液晶屏中显示。

（6）当测量高电压时，要做好防范措施，避免触电。

（7）严禁使用电阻挡、电流挡、电容挡等去测量电压。

2.2.2.2　检查回路短路

当回路发生短路时，若熔断器投入或合上空气开关，熔断器将立即熔断、触点烧坏、短路点冒烟或空气开关立即跳开等。

检查方法是：首先观察是否冒烟和触点是否烧坏，如果发现故障点，可以进一步检查该回路内的设备，可用导通法测量该回路电阻值是否变小；如果未发现故障点，下一步就应该对每一回路进行检查，将每一回路的正极和负极拆开，用导通法测量该回路的电阻值，直到发现故障点为止；如果仍未发现故障点，则可能是不同回路间发生了短路或正、负极间直接短路了，可将万用表测试笔直接接于正、负极上，然后把回路逐一恢复。如果发现某一回路接入后电阻突然变小，则很可能是该回路有故障，应再对该回路作进一步检查。

另外，也可将各个回路逐个投入电源，直到熔断器又熔断，则故障就出在刚投入的回路上。

在现场二次回路故障查找中，仪表查找法的运用相当重要，是变电运行和继电保护人员的一项基本功，应熟练掌握。

2.2.3　注意事项

（1）每次使用数字万用表前，需检查表计电池电量是否足够。若液晶屏显示不清或显示屏上出现电池标志，则表明电池电量不足，需及时更换新电池。还需检查测试笔是否完好，将量程开关打到 ·))) 挡，用导通法检查测试笔。

（2）雷雨天气不能在室外进行测试，防止测试人员遭受雷击。

（3）不能使用绝缘不良或绝缘破损的测试线。测试时，要防止测试笔插错测试孔，否则极易产生严重后果。

（4）每次测量前，应核对测量项目和量程开关的位置是否正确，避免因量程错误造成万用表的损坏，甚至人员伤害。

（5）数字万用表是精密电子仪表，不要随意拆开、改动其内部电路，以免损坏。

（6）不要测量有效值高于 600V 的交直流电压。

（7）转动量程开关时用力要适度，避免造成开关金属片的损坏。

（8）后盖未完全盖好时切勿使用。

（9）万用表应定期校验，校验合格的万用表才能使用。

（10）使用完毕后，功能量程开关最好置于电压挡或关闭状态。

2.3 绝缘电阻表

2.3.1 外观介绍

对于电气设备，其绝缘材料绝缘性能的好坏，直接影响设备的正常运行和维护人员的人身安全。而衡量其绝缘性能好坏的重要指标就是绝缘电阻的大小，绝缘电阻表就是用来测量各种电气设备绝缘阻值的仪表。

绝缘电阻表又叫摇表，因为早期绝缘电阻表使用时需要摇动表内的手摇发电机。绝缘电阻表的单位通常为兆欧，所以又常称为兆欧表。绝缘电阻表按读数的方式不同可分为数字式绝缘电阻表和指针式绝缘电阻表。本节主要以常用的KYORITSU（共立）3321A 指针式绝缘电阻表（简称绝缘表）为例进行介绍。

指针式绝缘电阻表具有多电压等级输出、容量大、抗干扰能力强、操作简单、显示直观等优点。

绝缘电阻表的面板有刻度显示屏、量程转换开关、电池检查、测试笔及测试笔插孔、电源开关、调零螺钉及绝缘测试按钮等，如图 2-8 所示。

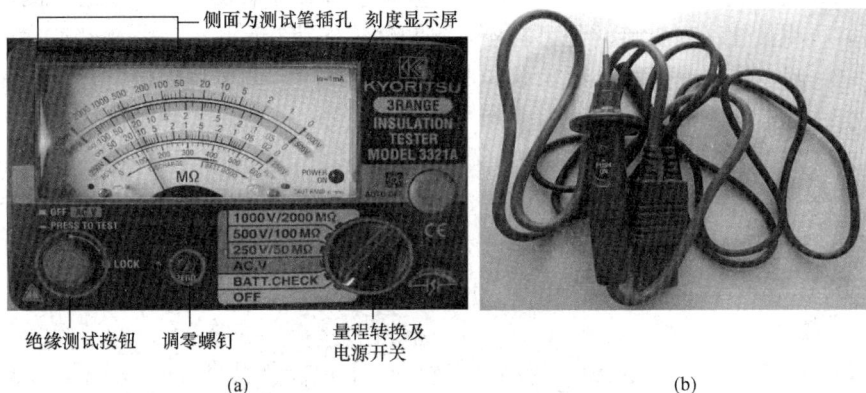

图 2-8　3312A 指针式绝缘电阻表
(a) 面板；(b) 测试笔

（1）刻度显示屏。绝缘电阻表刻度显示屏位于表的上部，能够显示所测设备的绝缘阻值。从刻度显示屏上可以看到三排分别为红、蓝、绿的扇形刻度，它们都是以"MΩ"为单位的刻度线。刻度的右端为"0"，左端为"∞"，而且刻度标尺是不均匀的，只在部分刻度上是较为准确的读数，如 0～2000MΩ/1000V、

0～100MΩ/500V、0～50MΩ/250V。

（2）量程转换开关。量程转换开关位于表的右下部，用于选择测量的量程，需与测量目标切实对应。如图2-8所示，刻度显示屏上的红、蓝、绿扇形刻度线实际对应的是转换开关上的3个挡位，分别为"1000V/2000MΩ""500V/100MΩ""250V/50MΩ"，表示在指定输出的额定电压下，可测量的范围。

（3）电池检查。当转换开关旋转至"BATT.CHECK"处时，将测试笔的线路（L）、接地线（E）短接，并按下测试按钮，若指针旋转至刻度显示屏第4排"BATT GOOD"范围内，表明绝缘电阻表的电池合格，可以继续使用。否则，应及时更换电池。

（4）测试笔插孔。测试笔插孔一般位于绝缘电阻表的顶部侧面，有两个测试笔插孔。标有"LINE-EARTH"的方形插孔，通常插入绝缘测试笔。标有"GUARD"的为屏蔽接线端，用它可以避免被测设备表面漏电影响测量结果。

（5）电源开关。转换开关上的"OFF"为电源开关关闭，当旋转至此位置时即关闭电源。

（6）绝缘测试按钮。测试笔接线正确后，只需按下表计上的红色测试按钮，即可开始测试电气设备绝缘阻值。一般在进行绝缘测试时需要较长时间，按住表计上的红色按钮并顺时针旋转，可将测试按钮长期锁定在测试工作状态；测试完毕后，再将按钮逆时针旋转便可轻松解除测试工作状态。

（7）调零螺钉。当指针刻度不在"∞"刻度线时，调节调零螺钉，可以使表计指针恢复到正常状态。

2.3.2 使用方法

绝缘电阻表工作时会产生高电压，使用不当，会造成人身及设备事故。下面以图2-8所示的3321A型指针式绝缘电阻表为例，详细介绍绝缘电阻表的正确使用方法。

1. 校表

（1）短路试验（校零点）。将测试笔红线（L）端和黑线（E）端短接，按下测试笔上或表计上的测试按钮，若表计指针指在"0"刻度线处，说明绝缘电阻表工作正常。

（2）开路试验（校无穷大）。将测试笔红线（L）端和黑线（E）端分开放置，并按下测试按钮，若表计指针指在"∞"刻度线处，说明绝缘电阻表无异常。

通过以上短路和开路测试，证实表计没有问题，绝缘电阻表是完好的，即可以进行正常的测量工作。

2. 准备工作

使用绝缘电阻表前应做好以下准备工作：

（1）断开被测设备或回路电源，先用万用表测量回路无交、直流电后，用短接线使其对地放电，确保设备或回路不带电。

（2）注意被测设备或回路表面保持清洁，减少表面电阻，确保测试结果的准确性。

（3）指针式绝缘电阻表必须要放置平稳，并且远离强磁场或电流较大的导体。

3. 测试方法

（1）将测试笔黑线（E）端接入被测物体的接地端（即地网），红线（L）端接入被测物体的金属裸露部分，如图 2-9 所示。

（2）根据设备的不同或按规程要求，将转换开关旋转至合适的电压等级，以确保测试结果的准确性。

（3）按下测试笔上的红色按钮或按下表计上的测试按钮并顺时针旋转，使其保持在测试状态，此时高压指示灯"POWER ON"

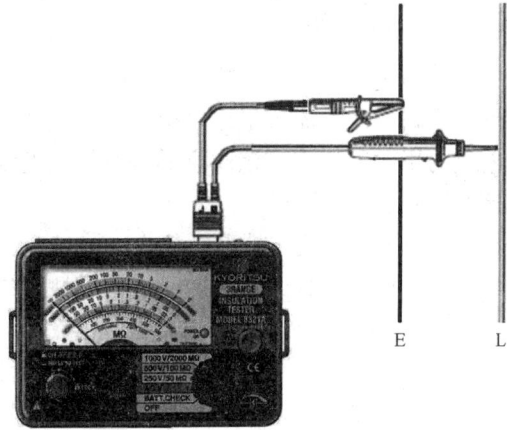

图 2-9　测试方法

红灯亮，表针在相应测试电压的刻度及相应量程上指示被测设备的绝缘电阻值。

（4）当表针稳定在某一刻度不再摆动时，记录此时的数据，即为此设备或回路对地的绝缘电阻值。

（5）放开测试笔上的红色按钮或将表计上的测试按钮逆时针旋转并松开，高压指示灯"POWER ON"红灯熄灭后，将红色和黑色测试笔分别收回，并互碰放电，再用导线使被测设备或回路对地放电，绝缘测试完毕。

2.3.3　注意事项

（1）当被测电气设备带电时，不能用绝缘电阻表测量。在测量前一定要确保被测设备与电源断开且无电。

（2）用绝缘电阻表测试前，需要检查绝缘电阻表是否能够正常工作。将测试笔线路（L）和接地线（E）短接并测试，表计指针若指向"0"刻度线，表示绝缘电阻表可以正常工作，否则不能使用。

（3）用绝缘电阻表测试过的电气设备必须进行放电，切勿先用手触碰。

(4) 测量过程中，如果指针指向"0"刻度线，表明被测电气设备存在接地现象，这时应立即停止测量。

(5) 测试过程中，要确保身体不接触被测部分，防止人身触电。

(6) 若测试的电气设备或回路涉及多个工作地点，应派人在各地点做好监护，防止触碰测试回路造成人身触电。

(7) 绝缘电阻表通常采用9V电池供电，应定期检查电池电量，并进行更换。同时在每次使用完绝缘电阻表后需将量程转换开关旋转至"OFF"挡。

(8) 绝缘电阻表的接线柱有三个：一个为"L"，即线端；一个为"E"，即地端；另一个为"G"，即屏蔽端（也叫保护环）。一般被测绝缘物体接在"L""E"之间，但当被测绝缘体表面严重漏电时，必须将被测物的屏蔽端或不需测量的部分与"G"端相连接，这样漏电流就经由屏蔽端"G"直接流回表计的负端形成回路，而不流过绝缘电阻表的测量机构（流比计），可从根本上消除表面漏电流的影响。特别应该注意的是测量电缆线芯和外表之间的绝缘电阻时，一定要接好屏蔽端"G"。

(9) 绝缘电阻表与被测设备之间若需要连接导线，必须用绝缘性能良好的单根导线，不能用双根绞线，否则会影响测量结果。

2.4 钳 型 相 位 表

2.4.1 外观介绍

电流、电压回路接线是否正确直接影响继电保护装置能否可靠动作。因此在设备进行投产运行前，常常需要检验这些回路接线是否正确，而钳型相位表可以准确地检测电流、电压回路接线的正确性。

钳型相位表是专为现场测量电压、电流及相位而设计的一种高精度、低价位、手持式、双通道输入测量仪表。该表可以很方便地在现场测量U-U、I-I及U-I之间的相位差，判别感性、容性电路及三相电压的相序，因而在电力二次专业中广泛应用。

钳型相位表还可以用来检测变压器的联结组别，测试二次回路和母差保护系统，读出差动保护各组TA之间的相位关系，以及检查电能表的接线正确与否等。

以型号S6000C的多功能钳型相位表为例，其面板主要有开关机键、键盘区、液晶显示屏、通信及充电端口以及测试插孔等，如图2-10所示。

2.4.2 使用方法

钳型相位表一般在二次设备带电运行时使用，因而在工作时需要特别掌握其

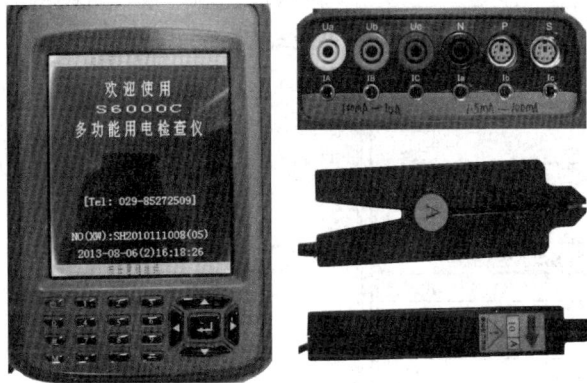

图 2-10 钳型相位表

使用方法，防止使用不当造成人身及设备事故。本节将详细地介绍 S6000C 型多功能钳型相位表测试单相 U-I 的读数及它们之间相位的使用方法。

1. 测试接线

在进行单相 U-I 相位测试时，需要用到一组测量单相的电压线和一只电流钳。将测量电压的黄、黑两根线的一端依次插入仪器的 U_a 与 N 电压插孔内，另一端分别接入被测线 A 相电压端子和中性线 N 端子；取 A 相电流钳一端插入仪器的 I_a 插孔，另一端接入被检电流回路中（注意电流钳方向），如图 2-11 所示。

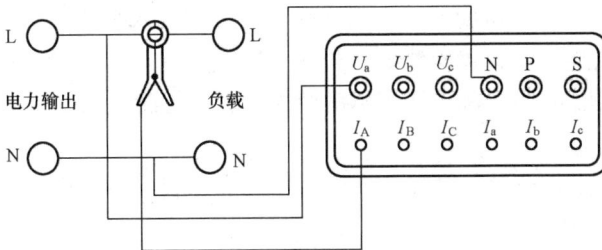

图 2-11 钳型相位表使用方法

2. 测试步骤

（1）接线完成后根据被测数值的大小，选择合适的量程。当不能估算时，则选择最大量程挡位，从最大值开始测量，然后逐渐减小，直到显示的数值正确为止。

（2）用手按动 A 相电流钳使其钳口张开，将被测导线放入钳口内，然后松开电流钳手柄，使钳口紧闭。在使用电流钳时要注意被测导线电流的方向应和电流

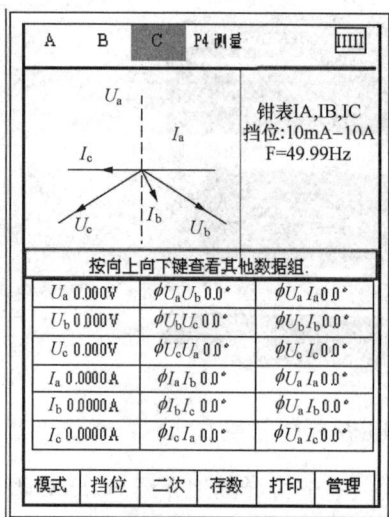

图 2-12 钳型相位表测量值显示

钳的极性端一致，否则将影响 U-I 的相位测试结果。

（3）从液晶显示屏上分别读取电流、电压的幅值以及它们之间的相位，并做好记录。从液晶显示屏上可以清晰地看出它们之间的相位关系，如图 2-12 所示。

（4）将电流钳口松开，把导线撤出，完成本次测试。

测试 U-U、I-I 相位差以及三相电流、电压的步骤和方法与上述相似，不再详述。

2.4.3 注意事项

（1）使用钳型相位表测量电流时，用手按动扳手，让钳口张开，将被测导线放入钳口中间，然后将钳口闭合紧密，以确保读数准确，同时注意钳口的方向与电流的进出方向。

（2）使用其他型号的钳型相位表时，要注意选择合适的电流量程，确保选择的量程稍大于被测电流。若无法估计被测电流的大小，则按最大量程开始测量，逐步选择合适的量程。

（3）使用钳型相位表时，要注意身体各部分与带电设备保持一定的安全距离。接线时，要先接好钳型相位表的连线，再将其接入被测二次回路中；拆线时先断开被测二次连线，再拆除钳型相位表上的连线。

（4）雷雨天时，禁止在室外使用钳型相位表进行测量。

2.5 光 功 率 计

2.5.1 外观介绍

光功率计是用于测量光纤中传输的光功率相对损耗的仪器，是光纤网络必不可少的检测工具。

在电力系统二次专业中，以往光纤网络只用在线路保护中，作为两侧电气量的交换通道，适用范围不广。随着数字化、智能化变电站的推进，光纤网络越来越多，光功率计在电力系统二次专业中的使用将会越来越普遍。

一般光功率计的功率模块都设有不同波长的校准点，如 850、1300、1310、1550nm 等，使用时可根据光纤中所传播的光的波长选择。

便携式光功率计由液晶显示屏、功能按键、仪器开关以及光纤插口等部分组成。下面以 NOYES OPM4 型手持式光功率计为例做简单介绍，其外观如图2-13所示。

2.5.2 使用方法

使用光功率计测试光纤中的光功率，通过对数据的分析比较，可以判断光纤回路是否工作正常。下面以测试线路保护两端收发的光功率为例，详细介绍光功率计的使用方法。

1. 测试准备工作

测试前首先需要了解被测光纤网络的结构。线路保护光纤网络结构如图2-14所示。两侧的保护通过直连光纤连接起来。

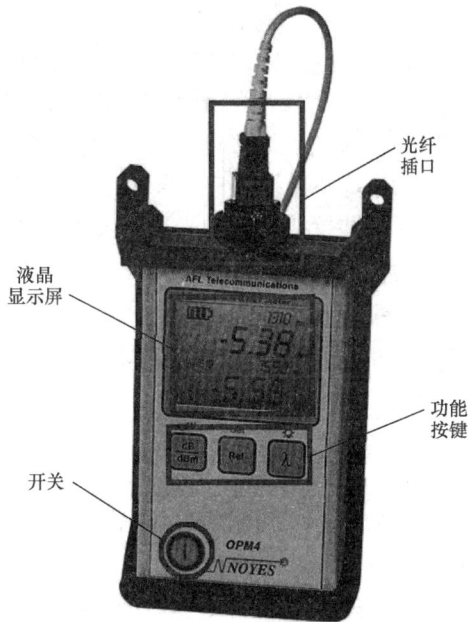

图2-13 光功率计外观

测试前还需要准备一根备用单模光纤，用于测量从光纤接口发出的光功率大小。

2. 测试步骤

（1）确认两侧保护装置的光纤主保护已退出运行，切勿在主保护运行时进行测试。

（2）将 A 站光纤接口"TX"（光发）上的光纤拔出，并用光帽盖好。

（3）取出备用的单模光纤，将其一端旋转插入 A 站光纤接口"TX"（光发）端，另一端接至光功率计光纤插口。接入时注意光纤尾端凸口与光功率凹口一一对应，使光信号在接入口处无衰耗，确保测试的准确性。光纤接入如图2-15所示。

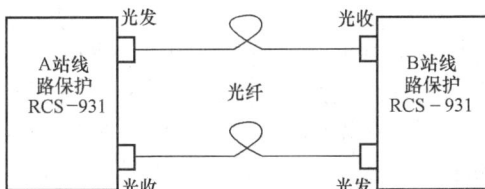

图2-14 线路保护光纤网络结构

图2-15 光纤接入

（4）按下光功率计开机键，等液晶屏上有显示内容时，再按下"λ"功能键将光波长校准点选择到"1310nm"，此时读取液晶屏上的光功率数值，此数值便是 A 站保护装置发出的光功率大小，其数值一般不小于－16dBm。

（5）将 A 站光纤接口"TX"上的备用光纤拔出，恢复原光纤接线。

（6）将 B 站光纤接口"RX"上的光纤拔出，并插入光功率计中，此时将读出 B 站保护装置接收到的光功率大小，此数值不应小于－30dBm，否则说明光纤传输衰耗较大，需检查光纤网络。

（7）重复（2）～（6）步骤即可测试 B 站发到 A 站的光纤功率大小。

（8）测试 A 站（B 站）发送的光功率和 B 站（A 站）接收的光功率，将两者相减，即可得出光功率的衰耗值，再结合光纤距离综合判断光纤是否工作正常。

2.5.3　注意事项

（1）进行光功率测试时，一定要保持光功率计和光纤接口处的清洁，必要时需用棉花蘸少许工业酒精擦拭接头处，确保测试结果的准确性。

（2）光功率计在存放和使用过程中要特别注意防潮湿、防灰尘、防热源（红外光影响）。

（3）超过最大量程的输入光信号会损害探测器，所以光功率计不能用于测量超过最大量程的光信号。

（4）光功率计一般由电池供电，需定期检查并更换光功率计的电池。

2.6　保护测试仪

目前市面上的保护测试仪种类很多，面板及操作大致相同，均可独立完成继电保护、励磁、计量、故障录波等专业领域内的装置和元器件的测试。本节仅以昂立（ONLLY）保护测试仪为例进行简要说明，如图 2－16 所示，具体操作及调试功能详见说明书。

2.6.1　保护测试仪外观介绍

（1）接线端子。

1）电压输出。一般地，U_a、U_b、U_c 分别对应 A、B、C 三相电压，第 4 路电压 U_x 的输出方式由软件设定，N 为电压接地端子（N 端子内部均相通）。

2）电流输出。一般地，I_a、I_b、I_c 分别对应 A、B、C 三相电流，N 为电流接地端子（A、B、C 任意两相并联或三相并联输出大电流时，建议将两个 N 端子并联输出），有两组电流 I_a、I_b、I_c 和 I_x、I_y、I_z 输出。

3）开入量。A 与 a 共用公共端、B 与 b 共用公共端、C 与 c 共用公共端、R

与 r 共用公共端。开入量可以接空接点，也可以接 10～250V 的带电位接点。一般地，A、B、C 分别连接保护的跳 A、跳 B、跳 C 接点，R 连接保护的重合闸接点。

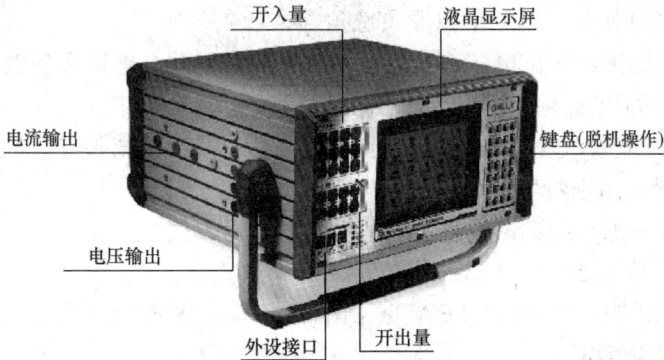

图 2-16 昂立（ONLLY）保护测试仪外观

4）开出量。开出量为空接点，接点容量为 250V/2A，其断开、闭合状态的切换由软件控制。

（2）指示灯。

1）1、2、3、4：开出量闭合指示灯。

2）A、B、C、R、a、b、c、r：开入量闭合指示灯。

3）I_a、I_b、I_c：电流输出回路正常指示灯（电流回路开路时，相应的指示灯亮）。

（3）操作按钮及键盘。

1）1、2、3、4、5、6、7、8、9、0，·：数字输入键。

2）＋、－：数字输入键，作"＋""－"号用，亦可作为试验时增加、减小控制键使用，详见相应的测试软件。

3）BkSp：退格键，用于数字输入时，退格删除前一个字符。

4）Enter：确认键。

5）Esc：取消键。

6）PgUp、PgDn：上、下翻页键。

7）↑、↓、←、→：上、下、左、右光标移动键。

8）Tab：切换键，具体功能由相应的测试软件设定。

9）Help：帮助键。

10）Start：开始"试验"的快捷键。

11）F5、F8、F10：试验过程中的辅助按键，具体功能由相应的测试软件设定。

2.6.2 测试功能

保护测试仪种类很多，均可独立完成以下测试功能。

（1）电压/电流测试：测试电压、电流、功率方向、中间继电器等各类交直流型继电器的动作值、返回值以及灵敏角等。

（2）时间测试：测试电压、电流、功率方向、中间继电器等各类交直流型继电器的动作时间以及阻抗继电器的记忆时间等。

（3）频率/滑差试验：测试频率继电器、低频/低压减载装置等的动作值、动作时间以及滑差闭锁特性。

（4）谐波叠加：测试谐波继电器的动作值、返回值，各相电压、电流可同时叠加直流、基波及 2～20 次谐波信号。

（5）故障再现：将 COMTRADE 标准格式的录波文件通过测试仪进行波形回放，实现故障再现。

（6）状态序列：用户可自由定制试验方式，程序提供了 50 种测试状态，所有状态均可由用户自由设置，状态之间的切换由时间控制、按键控制、GPS 控制或开入接点控制。各状态下 4 对开出量的开合能自由控制，可用于模拟保护出口接点的动作情况，尤其便于故障录波器的独立调试。

（7）整组试验：测试线路保护的整组试验，可模拟瞬时性、永久性、转换性故障，以及多次重合闸等。双端线路保护的 GPS 对调，如高频保护、光纤纵差保护等。

（8）线路保护定值校验：距离、零序、过电流、负序电流以及工频变化量阻抗等线路保护的定值校验，定性分析保护动作的灵敏性和可靠性。

（9）阻抗/方向型继电器：测试阻抗/方向型继电器的动作值、返回值、灵敏角以及动作边界特性。

（10）功率振荡：以单机对无穷大输电系统为模型，进行双端电源供电系统振荡模拟测试，主要用于测试发电机的失步保护、振荡解列装置等的动作特性，以及分析系统振荡对距离、零序等线路保护动作行为的影响等。

（11）差动保护：测试发电机、变压器、发电机变压器组以及变压器等的差动保护的比例制动特性曲线和谐波制动特性等。

（12）自动准同期：测试同期继电器或自动准同期装置的动作电压、动作频率和导前角（导前时间）等，也可进行自动调整试验。

（13）常规继电器测试：用于单个常规继电器（如电压、电流、功率方向、时间、中间及信号继电器等）元件测试，可以完成动作值、返回值、灵敏角以及动作时间等的测试。

（14）反时限继电器特性：用于反时限继电器的动作时间特性测试，包括 $i-t$ 特性，$u-t$、$f-t$、$u/f-t$ 特性，以及 $z-t$ 特性。

（15）计量仪表：校验交流型电压表、电流表、有功功率表、无功功率表以及变送器等计量类仪表。

2.6.3　注意事项

启动测试仪前，应确认以下事项：

（1）测试仪可靠接地（接地线端孔位于电源插座旁）。

（2）禁止将外部的交直流电源引入到测试仪的电压、电流输出插孔。

（3）工作电源误接 AC 380V，将长期音响告警。

（4）开始试验前，当确认单相电流超过 15A 时，应按 F5 或根据提示选择切换到重载输出。

2.6.4　操作步骤

（1）关闭所有与测试仪连接的电源。

（2）利用专用测试导线。

1）将测试仪的电压、电流输出端子接至被测试的保护屏或其他装置。

2）将被测试保护屏或其他装置上的动作出口接点引回到测试仪相应的开入端子（注意：A 与 a 共用公共端、B 与 b 共用公共端、C 与 c 共用公共端、R 与 r 共用公共端）。

（3）开启电源开关，启动测试仪，此时液晶屏显示如图 2-17 所示。利用 ↑、↓ 键移动光标，按 Enter 键选择所需测试仪运行方式。

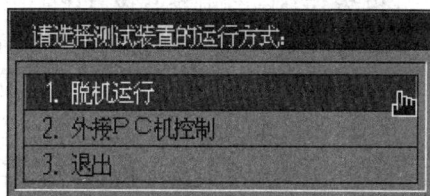

请选择测试装置的运行方式：
1. 脱机运行
2. 外接PC机控制
3. 退出

图 2-17　液晶屏显示

1）脱机运行：测试仪脱机独立运行，使用内置的工控测试软件进行试验操作，测试结果将直接存储在内置硬盘中。该方式省去了外接计算机的接线以及计算机和测试仪之间的连接线，比较适合于现场空间狭小的测试场所，在现场该方式应用较多。

2）外接 PC 机控制：选择该方式时，测试仪内的工控软件将自动退出，测试仪完全由外接的 PC 机控制，在现场该方式应用较少。

3）退出：测试仪进入屏幕保护状态。

2.6.5　测试功能应用实例

保护测试仪可独立完成的测试功能较多，本节仅以状态序列测试功能为例进行介绍。状态序列主界面显示，如图 2-18 所示。

主界面分为如下几个区域：

图 2-18 状态序列主界面

(1) 左半区：控制参数设置区，用于设置试验时的各状态参数。

(2) 右半区：试验控制的辅助设置区，包括短路计算（Tab）、新增状态（＋）和删除状态（－），按 Tab 键可进行故障设置，按＋键可在当前状态后增加新状态，按－键可删除当前状态。

(3) 中下区：试验控制的辅助显示区，辅助显示开入/开出量状态等。

(4) 主界面的最下一行：菜单行，按←、→移动光标，按 Enter 键执行相应的菜单项。

1) 状态序列：此项对应控制参数设置区的参数，光标移动到该项上时，按 Enter 键则光标切换进入主界面的控制参数设置区，按 PgDn、PgUp 键翻页。

a. 按↑、↓、←、→键，光标将在控制参数设置区内移动。

b. 如欲修改某项参数，按 Enter 键进入参数输入，按 Enter 键确认修改，或按 Esc 键撤销修改。

c. 按 Esc 键，光标切换返回菜单行中的"状态序列"项。

2) 波形预览：通过观察图形，查看当前预设的各种状态下的状态参数和开出触点变化情况。

3) 结果：通过图形，显示整个状态过程中的状态参数以及开入和开出触点变化情况。

4）报告：查阅试验报告。提供的报告查看方式有文本方式和图形方式。其中文本方式用于查看试验结果的文字说明；图形方式用于更加直观地查看整个试验过程中状态参数以及开入和开出触点的动作变化情况。

5）试验：启动本次试验（也可以按测试仪面板上的 Start 快捷键）。

6）退出：本菜单项具有双重功能（也可以按 Esc 键）。

a. 没有进行试验时（开/关按钮显示为绿色），退出本测试程序，返回主菜单。

b. 在进行试验时（开/关按钮显示为红色），结束试验。

7）状态设置：试验过程分 n 个状态，状态 $1\rightarrow \cdots \rightarrow$ 状态 n。其中 $1\leqslant n\leqslant 50$，具体状态个数由用户设定。根据"结束方式"的选择来进行各状态之间的切换，如图 2-19 所示。

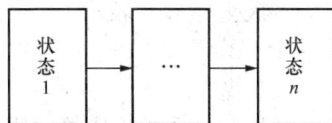

图 2-19　状态序列之间的切换

（5）模拟量设置。电压 U_a、U_b、U_c、U_x（U_a、U_b、U_c、U_x、U_y、U_z），电流 I_a、I_b、I_c（I_a、I_b、I_c、I_x、I_y、I_z）：设置测试仪各状态中的各路电压、电流的输出幅值、相位和频率，程序提供了两种设置方式。

1）按 Tab 键进行短路计算，程序根据计算模型的设置以及相应的故障参数，并按照电力系统理论计算 A、B、C 三相的电压、电流。

2）用户可根据需要，任意设定 4 路（6 路）电压、6 路（3 路）电流的大小和角度。

（6）开出量设置。进入本状态后，测试仪开出量 1～开出量 4 的状态：断开、闭合。

（7）结束方式设置。试验开始后，从当前测试状态进入下一个测试状态的控制方式，程序提供了 4 种，即按键控制、时间控制、GPS 控制、开入接点控制。

1）按键控制：当前测试状态的输出时间不限，用户根据提示，按键后进入下一状态，应用较多。

2）时间控制：当前测试状态的输出时间到达设定的"最大持续时间"后，自动进入下一状态，应用较多。

3）GPS 控制：当 GPS 对时成功，双方经联系，在同 1min 内（10～50s 的任意一刻）按确认键后，检测到第一个 PPM（分脉冲，即 GPS 时钟每隔 1min 对设备对时一次）时进入下一状态，应用较少。

4）开入接点控制：当设定的开入接点发生翻转后，自动进入下一状态，应用一般，特别试验中应用。

（8）额定电压设置。保护 TV 二次侧的额定相电压，一般为 57.735V。

(9) 故障类型设置。程序提供了 11 种故障类型，包括空载状态，A、B、C 接地，AB、BC、CA 相间短路，AB、BC、CA 两相接地以及三相短路。

(10) 故障方向设置。正向故障或反向故障。

(11) 短路电流设置。短路故障时，流经保护安装处的故障相电流 I_f。

(12) 短路阻抗设置。短路故障时，保护安装处距离短路点之间的短路阻抗，用极坐标形式表示。

(13) 补偿系数 K_1 设置。K_1 是短路阻抗 Z_1 的零序补偿系数，程序提供了 2 种设置方式。

1) 极坐标形式表示

$$K_1 = \frac{Z_{l0} - Z_{l1}}{3Z_{l1}} = \text{Re}[K_1] + j\text{Im}[K_1] = |K_1| \angle \varphi$$

式中　Z_{l1}——系统正序等值阻抗，Ω；

$\quad\quad Z_{l0}$——系统零序等值电抗，Ω；

$\quad\quad$Re——实部；

$\quad\quad$Im——虚部；

$\quad\quad |K_1|$——幅值；

$\quad\quad \varphi$——相位角。

一般情况下，电力系统中假定零序阻抗 Z_0 和正序阻抗 Z_1 的阻抗角度相等，则 $I_m (K_1) = 0$，K_1 为一实数，通常 $|K_1|$ 取 0.667，角度 φ 为 0°。

2) 零序电阻补偿系数 K_R；零序电抗补偿系数 K_X

$$K_R = \frac{R_{l0} - R_{l1}}{3R_{l1}}; \quad K_X = \frac{X_{l0} - X_{l1}}{3X_{l1}}$$

式中　R_{l1}——系统正序等值电阻，Ω；

$\quad\quad R_{l0}$——系统零序等值电阻，Ω；

$\quad\quad X_{l1}$——系统正序等值电抗，Ω；

$\quad\quad X_{l0}$——系统零序等值电抗，Ω。

2.7　螺　钉　旋　具

2.7.1　外观介绍

螺钉旋具是一种用来拧转螺钉，迫使其就位的工具，通常有一个薄楔形头，可插入螺钉头的槽缝或凹口内，俗称为改锥或起子。螺钉旋具主要有一字形（负号）和十字形（正号）两种，常见的还有六角螺钉旋具，包括内六角和外六角两种。按手柄材料不同，又可分为木柄和塑料柄两种，塑料柄具有良好的绝缘性能，适合于电工用。此外有些螺钉旋具的刀口端焊有磁性金属材料，可以吸住待紧固的螺钉，能准确定位、拧紧，使用也非常广泛。常用螺钉旋具如图 2-20 所示。

螺钉旋具的规格很多，其标注方法是先标杆的刀口宽度（单位：mm），再标杆的长度（单位：mm）。如"6×100"就是表示杆的刀口宽度为 6mm，长度为 100mm。

一字形螺钉旋具的规格用柄以外的体部长度表示，常用的有 50、100、150、200mm 等，电工必备的是 50mm 和 150mm 两种。

十字形螺钉旋具是专供紧固和拆卸十字槽的螺钉，常用的规格有 4 种：I 号适用于螺钉直径为 2～2.5mm；II 号适用于螺钉直径为 3～5mm；III 号适用于螺钉直径为 6～8mm；IV 号适用于螺钉直径为 10～12mm。

近年来，还出现了多用组合式螺钉旋具，既可作螺钉紧固使用，还可作锥、钻使用。其柄部和导体可以拆卸，并附有规格不同的螺钉导体。

2.7.2 使用方法

作为电工来讲，用螺钉旋具紧固的螺钉一般都带有交流或直流电，因此在使用螺钉旋具工作时，要特别注意防止人身触电事故的发生。下面简单介绍在电力二次设备工作中螺钉旋具的正确使用方法。

（1）使用前准备工作。

1）因为电力二次设备经常有电，所以在使用螺钉旋具前应先检查绝缘。要选用电工专用的塑料柄螺钉旋具，同时检查螺钉旋具的金属杆是否有绝缘套管。如果没有，应用绝缘胶布对其金属部位进行缠绕，只留出刀头大概 10mm 的金属部分，如图 2-21 所示。

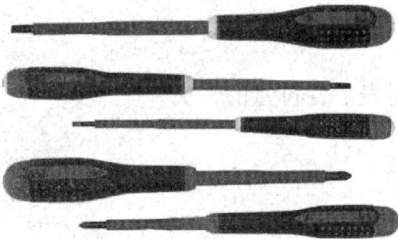

图 2-20　常用螺钉旋具　　　　　图 2-21　经绝缘处理后的螺钉旋具

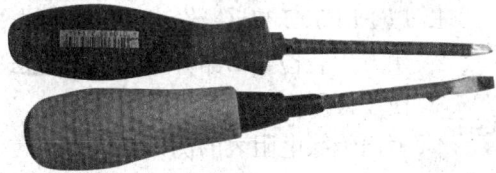

2）在使用前应根据螺钉大小来挑选合适的螺钉旋具种类和型号，不能以小代大，以免损坏螺钉旋具或电器元件。

（2）使用步骤。

1）在使用螺钉旋具紧固螺钉时，要保证螺钉与螺钉旋具在同一水平面内，这样可以将推力和旋转的扭力均匀地传递给螺钉，防止用力不均导致损坏螺钉或

图 2-22 使用螺钉旋具时应水平放置

螺钉旋具,如图 2-22 所示。

2) 在使用小的螺钉旋具时,可用大拇指和中指夹住握柄,用食指顶住柄的末端进行旋转。

3) 在使用大的螺钉旋具时,除大拇指、食指和中指要夹住握柄外,手掌还要顶住柄的末端,防止螺钉旋具在转动时滑脱。

2.7.3 注意事项

(1) 在紧固或拆卸带电的螺钉时,手不可触及螺钉旋具的金属杆,以免发生人身触电事故。

(2) 不要使用螺钉旋具旋紧或松开握在手中工件上的螺钉,以免伤到自身,而应当将工件夹固定在夹具内。

(3) 使用螺钉旋具时,需将螺钉旋具头部放在螺钉槽口中,不要在槽口中蹭动,以免磨毛槽口。

(4) 为了避免螺钉旋具的金属杆触及皮肤或邻近的带电体,可在金属杆上套绝缘套管或用绝缘胶布缠绕。

(5) 选用合适的螺钉旋具进行紧固,切勿用小螺钉旋具去旋拧大螺钉,否则将会使螺钉旋具的头部受损,螺钉槽口也将被拧坏。反之,如果用大螺钉旋具去旋拧小螺钉,会因为用力过大而导致小螺钉滑丝现象。

本章思考题

1. 以 FLUKE 115C 数字万用表为例,说明表上各符号的含义。

2. 用万用表检查回路开路有哪些方法?

3. 使用万用表的注意事项有哪些?

4. 写出绝缘电阻表的测试方法。

5. 使用钳型相位表的注意事项有哪些?

6. 写出使用光功率计的方法。

7. 如何设置保护测试仪的状态序列?

8. 螺钉旋具如何分类?

9. 使用螺钉旋具的注意事项有哪些?

10. 对本章中仪器仪表及工具进行现场应用体验。

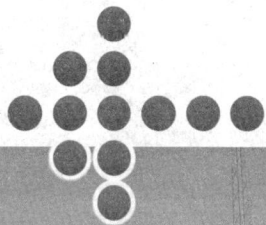

3

电气主接线方式与继电保护配置

3.1 概　　述

电气主接线是电气设备通过连接线，按功能要求组成的生产、传输和分配电能的电路，它是发电厂、变电站传输强电流、高电压网络的重要组成部分，故又称为一次接线或电气主系统。发电厂、变电站的一次电气主接线代表了发电厂或变电站电气部分的主体结构，一次电气主接线的设计是整个发电厂、变电站设计的核心技术之一，它对发电厂、变电站内电气设备选择、布置，特别是继电保护及自动化装置的设计，都起着决定性作用。电气主接线的基本要求是可靠性、灵活性和经济性三个方面。

本章主要介绍变电站常见的几种电气主接线方式及其优缺点，可帮助操作人员认识操作中存在的危险点，减少因盲目工作造成的人为事故。人为误操作电网事故如图 3-1 所示。

图 3-1　人为误操作电网事故

3.2 电气主接线方式

电气主接线的基本形式，就是主要电气设备常用的几种连接方式，它以电源和出线为主体。由于各个发电厂或变电站的出线回路数和电源数不同，且每路馈线所传输的功率也不一样，为了便于电能的汇集和分配，在进出线较多时（一般超过4回），多采用母线作为中间环节，这样可使接线简单清晰，运行方便，且有利于安装和扩建。无汇流母线的接线方式的电气设备较少，配电装置占地面积较小，通常用于进出线回路数较少，不再扩建和发展的发电厂或变电站。

有汇流母线的接线方式可概括地分为单母线接线和双母线接线两大类；无汇流母线的接线方式主要有桥形接线、角形接线和单元接线。

本节主要介绍现场常用的几种电气主接线方式，本节未涉及的其他电气主接线方式可以参考相关书籍。

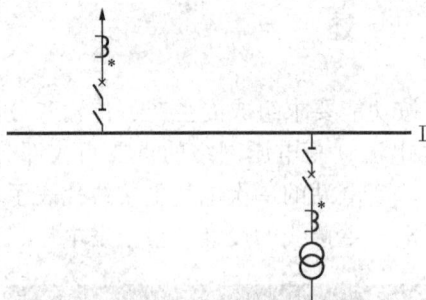

3.2.1 单母线接线

各电源和出线都接在同一条汇流母线上，其电源线和负荷线均通过一台断路器接到母线上。母线既可保证电源并列工作，又能保证任一条出线都可以从任一个电源获得电能。各出线回路输送功率不一定相等，应尽可能使负荷均衡地分配在各出线上，以减少功率在母线上的传输。单母线接线如图3-2所示。

图 3-2 单母线接线

优点：

简单、清晰、设备少、投资小、运行操作方便，有利于扩建和采用成套配电装置。

缺点：

(1) 可靠性差。母线或母线侧隔离开关检修时，连接在母线上的所有间隔都将停止工作，会造成全厂或全站长时间停电。

(2) 当母线或母线隔离开关上发生短路故障或断路器靠母线侧绝缘套管损坏时，所有断路器都将被保护切除，造成全部停电；另外，检修任一电源侧或出线侧断路器时，该出线必须停电。

(3) 方式调整不方便。电源只能并列运行，不能分列运行，并且线路侧发生短路故障时，有较大的短路电流。

(4) 在220kV系统中如果采用该接线方式，220kV出线不能超过2回。

综上所述，单母线接线形式一般只用在出线回路数较少，并且没有重要负荷的发电厂和变电站中。

3.2.2 单母线分段接线

为了增加出线回路数，可用断路器或隔离开关将母线分段，成为单母线分段接线。分段断路器的数目取决于电源的数量和容量。段数分得越多，故障时停电范围越小，但使用断路器的数量越多，配电装置越复杂，运行维护工作就越多，通常以 2～3 段为宜。单母线分段接线如图 3-3 所示。

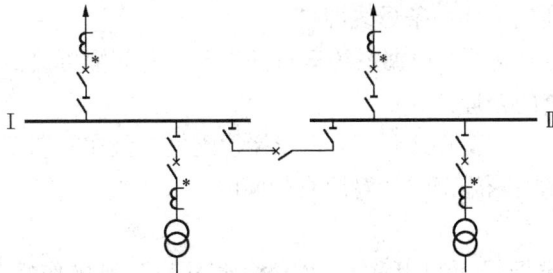

图 3-3　单母线分段接线

优点：

（1）该接线方式可靠性比单母线接线供电方式高，同时具有接线简单、操作方便灵活、投资少等优点。

（2）当一段母线发生故障时，分段断路器将故障隔离，保证正常母线不间断供电，提高供电的可靠性。

缺点：

（1）当一段母线或母线隔离开关故障或检修时，必须断开接在该分段上的全部电源和出线，这样会减少系统的供电量，并使该段单间隔供电的用户停电。

（2）任一出线断路器检修时，该出线必须停电。

3.2.3 双母线接线

为了克服单母线分段接线在母线和母线隔离开关检修时，该段母线上连接的元件都要停电的缺点，发展出了双母线接线，该接线在 220kV 系统中被广泛采用。双母线接线方式有两组母线，对于任一出线单元，其中一组母线为工作母线，另一组为备用母线。每一电源和每一出线都经一台断路器和两组隔离开关分别与两组母线相连，任一组母线都可以作为工作母线或备用母线。两组母线之间通过母线联络断路器（简称母联断路器）连接，如图 3-4 所示。

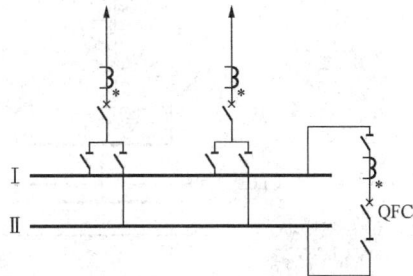

图 3-4　双母线接线

优点：

（1）线路故障断路器拒动或母线故障只停一条母线及所连接的间隔时，将非永久性故障间隔切换到无故障母线上，可迅速恢复供电。

（2）检修任一间隔的母线侧隔离开关时，只停该间隔和该间隔所在母线，其他间隔切换到另外的一条母线上，不影响其他间隔供电。

（3）可以在任何间隔不停电的情况下轮流检修母线，只需将需要检修的母线上的所有间隔切换到另外一条母线即可。

（4）运行和调度灵活。根据系统运行的需要，各间隔可灵活地连接到任一条母线上，实现系统的合理接线。

（5）扩建方便。一般情况下，双母线接线配电装置在一期工程中将母线构架一次建成，在扩建间隔施工时，对原有的间隔没有影响。

缺点：

（1）当母线或母线隔离开关等故障检修时，倒闸操作复杂，容易发生误操作。

（2）隔离开关操作闭锁回路复杂。

（3）保护和测量装置的电压取自母线电压互感器的二次侧，需要经过切换，电压回路接线复杂。

（4）母线联络断路器故障，将会导致两条母线全停。

3.2.4 双母线分段接线

当双母线接线配置的间隔较多时，为了保证运行的可靠性和灵活性，可在双母线中的一条母线或两条母线上加装分段断路器，形成双母线单分段或双母线双分段接线。双母线单分段接线如图 3-5 所示，双母线双分段接线如图 3-6 所示。在该接线中除分段断路器外，两条母线间还装设了母联断路器。

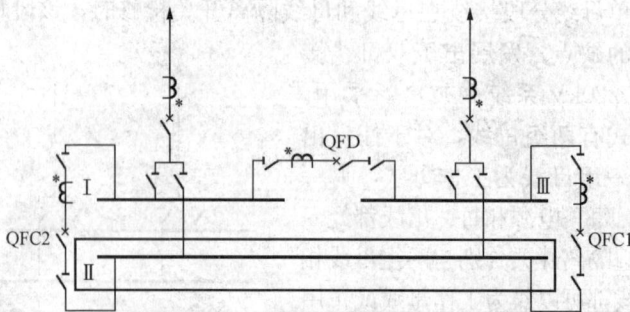

图 3-5 双母线单分段接线

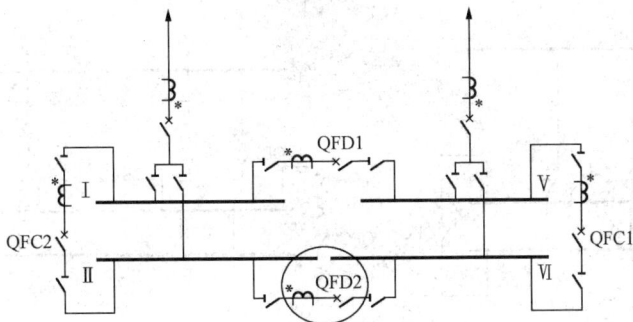

图 3-6 双母线双分段接线

优点：

（1）该接线方式克服了母线联络断路器故障会导致两条母线全停的缺点，缩小了故障停电范围，提高了供电可靠性。

（2）双母线双分段接线比双母线单分段接线多一台分段断路器、一组母线电压互感器和避雷器等设备，但可靠性明显提高。

（3）当其中一组母线工作，另一组母线备用时，具有单母线分段接线的特点。

（4）其中一组母线的任一分段检修时，将该段母线所连接的支路倒至另一组母线上运行，仍能保持单母线分段运行的特点。

（5）当具有 3 个或 3 个以上电源时，可将电源分别接到每个分段母线上，构成单母线分三段运行，可进一步提高供电可靠性。适用于大容量进出线较多的厂站。

缺点：

（1）增加了母线的长度，使得配电装置结构复杂，投资和占地面积增大。

（2）同时也具备双母线接线的缺点。

3.2.5 母线带旁路母线接线

带旁路母线的接线可分为：单母线带旁路接线（见图 3-7）；单母线分段带旁路接线（见图 3-8）；双母线带旁路接线（见图 3-9）；双母线单分段带旁路接线（见图 3-10）。

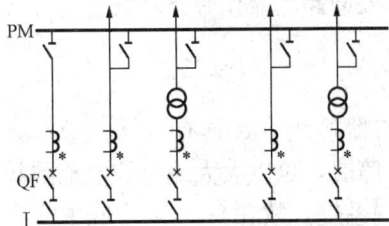

图 3-7 单母线带旁路接线

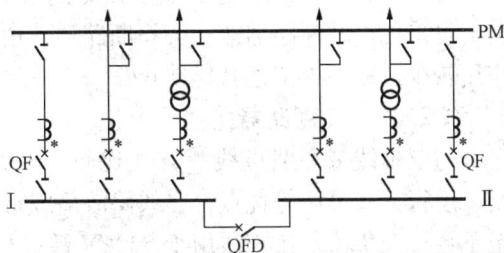

图 3-8 单母线分段带旁路接线

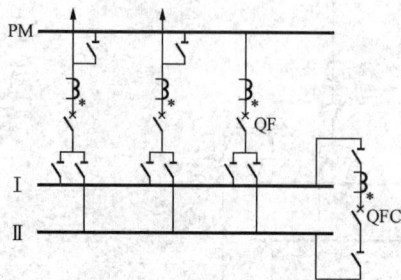

图 3-9 双母线带旁路接线   图 3-10 双母线单分段带旁路接线

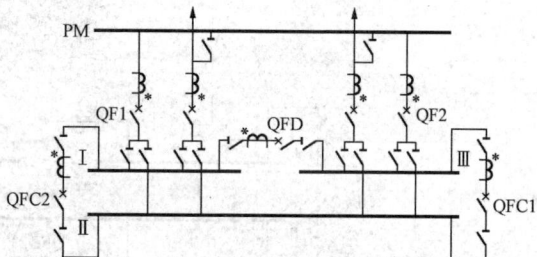

其中图 3-9 所示的双母线带旁路接线是变电站中最常见的一种接线方式，它是在双母线接线的基础上增设旁路母线，目的是利用一套公用的母线、断路器及保护装置。

优点：

（1）旁路断路器可代替出线断路器工作，使进出线断路器检修时，线路供电不受影响，使断路器和保护装置检修不需停电。

（2）双母线带旁路接线大大提高了主接线系统的工作可靠性，当电压等级较高，线路回路数较多，一年中断路器累计检修时间较长时，这一优点更加突出。

缺点：

（1）增加了旁路母线、旁路断路器及各回路的旁路隔离开关，增加了一次设备，增加了占地面积，也增加了投资。

（2）旁路断路器代各间隔断路器的倒闸操作复杂，容易产生误操作。

（3）保护及二次回路复杂。

（4）隔离开关电气闭锁回路复杂。

（5）旁路断路器代各间隔断路器的倒闸操作需要人工完成，因此不适用于无人值班的变电站。

另外当变电站出线数目不多，专用旁路断路器利用率不高时，为了节省资金，可采用母联断路器兼作旁路断路器。由于母联断路器兼作旁路断路器的方式应用较少，故不再阐述其优缺点。

3.2.6 3/2 断路器接线

与双母线带旁路母线等方式比较，3/2 断路器接线方式具有可靠、操作方便、运行方式灵活等优点，在线路故障或母线故障时，可以大大缩小停电范围甚至不会损失负荷，比较适用于 500kV 超高压电网系统，故在 500kV 系统中应用越来越广泛。

3/2 断路器接线方式是由三台断路器串接引出两条回路线，并分别接到两组母线上（称作一串）。在 3/2 断路器接线中，接于母线的两台断路器称为母线断路器或边断路器，中间的断路器称为中间断路器或联络断路器。

一些变电站还在一些引出回路上设置一组隔离开关，当该回路停止运行时，可以断开此隔离开关，以保持该串能继续运行。

由三台断路器串接引出两条线路组成的一串称为线—线串，如图 3-11 所示。

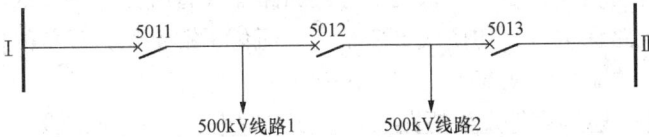

图 3-11　3/2 断路器线—线串接线方式

由三台断路器串接引出一条线路和一台主变压器组成的一串称为线—变串，如图 3-12 所示。

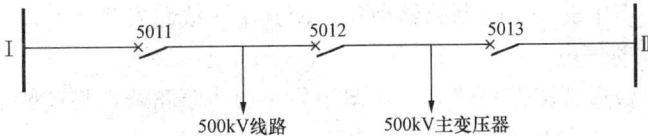

图 3-12　3/2 断路器线—变串接线方式

由两台断路器引出一条线路或一台主变压器组成的一串称为不完整串，如图 3-13 所示。

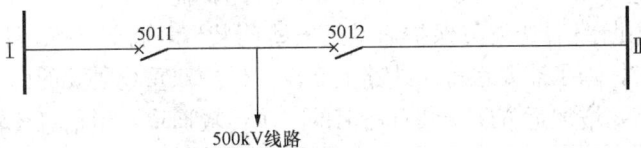

图 3-13　3/2 断路器不完整串接线方式

优点：

（1）供电可靠性高。正常情况下 3/2 断路器接线方式的两条母线和所有断路器均在运行状态，形成多个环路，每条线路都由两台断路器供电，即使一台断路器偷跳或停运都不影响线路的正常运行。任一断路器检修、清扫时不影响所连接元件的连续供电，不需要进行复杂的倒闸操作，可降低一次回路发生误操作的概率。

（2）当一组运行母线发生短路时，母线保护动作后只跳开与该组母线相连的所有断路器，不会使任何连接元件停电。

（3）运行方式多样。需要定期对运行设备进行检修或根据需要进行临时检修，3/2断路器接线可同时在不同串上检修两台以上断路器而不影响线路供电，只要保证每条线路有一台断路器运行即可。隔离开关只作隔离电源用，不作切换操作用，使得操作简单，电气闭锁回路易于实现，可降低误操作的概率。

（4）由于不需要装设旁路母线，变电站一次回路的布置清晰，配电装置占地面积小，消耗材料少。由于不采用由旁路断路器代替线路断路器的工作方式，因而不需要对线路保护进行切换或重新整定，简化了继电保护设备的接线和运行。

缺点：

（1）当任一连接元件发生短路时，需要同时跳开两台断路器，使断路器失灵的概率增大一倍。对于一串中的中间断路器，由于跳闸的次数最多，需要检修的工作量也最大。

（2）继电保护和重合闸都与两台断路器有联系，二次回路之间的交叉部分比较多，给调试和维护带来了困难。

（3）当一串中的一台边断路器检修，而其中一线路发生短路时，将使该串中的两回线路同时停电。

（4）当一台边断路器检修时，该串中另一台边断路器和相应的电流互感器中有可能流过该串上的负荷电流之和。因此，该串中的断路器和电流互感器的额定电流应按连接元件额定电流的2倍选择。

（5）在线—线串中某线路靠近对侧处发生短路并伴随中断路器失灵时，失灵保护启动跳开两边断路器。一般情况下，由于另一条线路对侧的保护在相邻线路末端发生短路时的灵敏度往往不够，因此，需在线路上装设远方跳闸装置，即利用中断路器的失灵保护启动远方跳闸装置，将另一条线路对侧的断路器跳闸。此时，除了需要在每回线路上装设主保护双重化需要的两个传输信息的通道外，还需要增加远方跳闸装置所需的一个传输通道，给信息传输通道带来一定的困难。

（6）敞开式的变电站线路或变压器的保护需接入两组电流互感器二次电流和，因此，一方面需要增加电流互感器的数量，同时由于电流互感器的比值误差和励磁回路的汲出作用，给继电保护的运行带来一定的困难。

（7）国内外500kV变电站大都采用3/2断路器接线方式，一般3/2断路器接线是以"整串"形式存在，最终规模大，可达到5～6串之多。但由于500kV变电站初期规模小，扩建次数多，所以经常存在"半串"的过渡过程，在从"半串"过渡到"整串"形式过程中存在很大危险。

3.3 继电保护配置

针对不同的主接线形式，需要配置相应的保护装置，确保在发生故障时保护装置能够迅速、准确地隔离故障。110kV 电压等级一般采用单母线接线、单母线分段接线和双母线接线方式较多。220kV 电压等级一般采用双母线接线、双母线分段接线和母线带旁路母线接线方式较多。500kV 电压等级多采用 3/2 断路器接线方式。不同主接线方式、不同电压等级，在保护配置方面有不同的要求，下面仅对上述 3 种电压等级的配置进行阐述，其他接线方式及保护配置要求可参考有关技术书籍。

3.3.1 110kV 电压等级

1. 线路保护配置

（1）每回 110 kV 线路应配置一套含重合闸功能的线路保护，单侧电源的负荷端可不配置线路保护。

（2）双侧电源线路符合下列条件之一时，应装设一套光纤电流差动保护。

1）根据系统稳定要求有必要时。

2）线路发生三相短路，发电厂厂用母线电压低于允许值，且其他保护不能无时限和有选择地切除故障时。

3）如果电力网的某些主要线路采用全线速动保护后，不仅能改善本线路的保护性能，还能改善整个电网保护的性能。

（3）对于多级串联的线路，为满足快速性和选择性的要求，应装设一套光纤电流差动保护。

（4）对于长度不超过 8km 的短线路、同杆架设的双回线应装设一套光纤电流差动保护。

（5）具有光纤通道的 110kV 线路，可配置一套光纤电流差动保护。

2. 主变压器保护配置

（1）变压器微机保护按主、后分开配置（主保护与后备保护宜引自不同的电流互感器二次绕组），也可配置分别组屏的双套主后合一的电气量保护和一套非电气量保护。

（2）电气量主保护。

1）配置差动速断保护。

2）配置比率差动保护。

3）可配置不需整定的零序分量、负序分量或变化量等反映轻微故障的故障分量差动保护。

(3) 变压器应根据其技术条件配置独立的非电气量保护。

3. 母线保护配置

(1) 220kV 变电站内的 110kV 母线应配置一套母线保护。

(2) 110kV 变电站需要快速切除 110kV 母线故障时，可配置一套母线保护。

(3) 110kV 母联（分段）断路器宜配置独立于母线保护的母联（分段）过电流保护，作为母线充电保护，并兼作新线路投运时的辅助保护。

(4) 110kV 母线保护由母线差动保护、母联（分段）过电流保护、母联（分段）失灵和死区保护构成，并具有复合电压闭锁功能。

(5) 独立配置的母联（分段）过电流保护包含相电流和零序电流保护，保护应具有瞬时和延时跳闸回路，作为母线充电保护，并兼作新线路投运时的辅助保护，保护宜与测控分开。

3.3.2 220kV 电压等级

1. 线路保护配置

(1) 每回线路应按双重化要求至少配置两套完整的、相互独立的微机型线路保护。通道条件具备时，每套保护宜采用双通道。

(2) 换流站的交流出线及其相邻线路应配置两套光纤电流差动保护。

(3) 具备一路光纤通道的线路应至少配置一套光纤电流差动保护，具备两路光纤通道的线路宜配置两套光纤电流差动保护。存在旁路代路运行方式的线路，配置两套光纤电流差动保护时，其中应至少有一套具有纵联距离保护功能。

(4) 长度不大于 20km 的短线路应至少配置一套光纤电流差动保护，通道具备条件时应配置两套光纤电流差动保护。

(5) 同杆并架部分长度超过 5km 或超过线路全长 30％的线路应配置两套光纤电流差动保护。

(6) 穿越重冰区线路的保护应采用双通道，并至少有一套保护能适应应急通道。

(7) 双重化配置的两套保护配置各自独立的电压切换装置。

(8) 母线失灵保护不能按间隔识别失灵断路器时，应配置一套具有失灵电流判别功能的断路器辅助保护。

2. 主变压器保护配置

(1) 主保护配置。

1) 配置纵联差动保护。两套纵联差动保护宜采用不同原理的励磁涌流判据，其中一套应利用二次谐波制动原理。

2) 配置差动电流速断保护。

(2) 后备保护至少包含以下配置：

1) 过电流保护。

2) 零序过电流保护。

3) 相间与接地阻抗保护。

（3）根据变压器技术条件配置一套本体非电气量保护。

（4）当220kV断路器的失灵电流判别及三相不一致判别需由独立的断路器辅助保护完成时，应配置一套220kV断路器辅助保护。

3. 母线保护配置

（1）220kV母线应按双重化原则配置两套母线差动保护和失灵保护，应选用可靠的、灵敏的和不受运行方式限制的保护。

（2）应配置220kV母联（分段）保护，可集成于母线保护或独立配置。

（3）220kV母线保护由母线差动保护、断路器失灵保护、母联（分段）过电流保护、母联（分段）失灵保护、母联（分段）死区保护和母联（分段）三相不一致保护构成，并具有复合电压闭锁功能。

（4）母线保护配置的断路器失灵保护具有失灵电流判别功能。

（5）220kV母联（分段）断路器保护可采用母线保护中的母联（分段）过电流保护，也可配置独立的母联（分段）断路器充电过电流保护。

（6）独立配置的母联（分段）保护由母联（分段）过电流保护和母联（分段）三相不一致保护构成。

（7）母联断路器失灵保护由母线保护完成，并需考虑接入外部独立的母联（分段）过电流保护动作触点。

3.3.3 500kV 电压等级

1. 线路保护配置

（1）每回线路应按双重化原则至少配置两套完整的、相互独立的、主后一体化的微机型线路保护，原则上配置两套光纤电流差动保护。

（2）长距离、重负荷的西电东送主干线路应配置两套光纤电流差动保护，因通道配置等原因降低保护可靠性时，可视具体情况增配第三套保护装置。

（3）装有串联补偿电容的线路及其相邻线路，宜配置三套线路保护，其中至少配置两套光纤电流差动保护。

（4）换流站的交流出线及其相邻线路应配置两套光纤电流差动保护。

（5）长度不大于20km的短线路应至少配置一套光纤电流差动保护，通道条件具备时应配置两套光纤电流差动保护。

（6）同杆并架部分长度超过5km或超过线路全长30%的线路应配置两套光纤电流差动保护。

（7）线路保护宜集成过电压及远方跳闸功能。当线路纵联保护采用光口方式时，过电压及远方跳闸保护与纵联保护共用光口。

（8）线路保护应配置零序反时限过电流保护。

（9）线路保护不含重合闸功能。

（10）凡穿越重冰区使用架空光纤的线路保护还应满足如下配置要求：

1）应至少有一套保护能适应应急通道。

2）应急通道采用公网光纤通道的线路，配置的光纤电流差动保护应具有光口方式的纵联距离保护功能。

3）正常运行时具有两路光纤通道，配置两套光纤电流差动保护的线路，当其应急通道采用载波通道时，配置的光纤电流差动保护应具有触点方式的纵联距离保护功能。

2. 过电压及远方跳闸保护

（1）独立配置的过电压及远方跳闸就地判别装置应按双重化原则配置两套，其通道独立于线路主保护通道。

（2）过电压保护与远方跳闸就地判别装置集成在一套装置中。

3. 短引线保护

（1）间隔设有出线或进线隔离开关时，应按双重化原则配置两套短引线保护。

（2）设置比率差动保护及两段和电流过电流保护。

4. T 区保护

（1）间隔保护使用串外电流互感器时，应按双重化原则配置两套 T 区保护。

（2）设置三端差动保护、短引线保护和线路末端保护。

5. 断路器保护配置

（1）每台断路器配置一套断路器保护。

（2）断路器保护含断路器失灵保护、死区保护、三相不一致保护、过电流保护和重合闸功能。

6. 主变压器保护配置

（1）主保护配置。

1）配置纵联差动保护。两套纵联差动保护宜采用不同原理的励磁涌流判据，其中一套应采用二次谐波制动原理。

2）配置差动电流速断保护。

3）配置接入高压侧、中压侧和公共绕组 TA 的分侧差动保护或零序差动保护，优先采用分侧差动保护。

（2）后备保护至少包含以下配置：

1）过电流保护。

2）零序过电流保护。

3）相间与接地阻抗保护。

4）过励磁保护。

5）反时限零序过电流保护。

（3）根据变压器技术条件配置一套本体非电气量保护。

（4）当220kV母线失灵保护不能按间隔识别失灵断路器时，应配置一套具有失灵电流判别及三相不一致判别功能的220kV断路器辅助保护。

7. 母线保护配置

（1）每段母线按双重化原则配置两套母线保护。

（2）母线保护的配置应能满足最终一次接线要求。

（3）母线保护应具有电流差动保护和断路器失灵联跳功能。

（4）双重化配置的每套母线保护应动作于对应断路器的一组跳闸线圈。

本章思考题

1. 画出单母线接线和双母线接线方式的一次接线图。

2. 双母线接线方式与单母线接线方式比较有何优、缺点？

3. 双母线分段接线方式由什么接线方式转换形成？解决什么问题？

4. 画出母线带旁路母线接线的各种方式。

5. 画出3/2断路器接线方式完整的线—线串、线—变串及不完整串的接线图。

6. 3/2断路器接线方式与其他接线方式比较有何优、缺点？

7. 500kV电压等级主变压器保护如何配置？

8. 500kV电压等级线路保护如何配置？

9. 220kV电压等级母线保护如何配置？

10. 110kV电压等级线路保护如何配置？

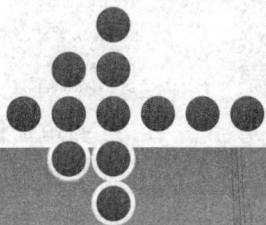

4

保护及二次回路基本知识

4.1 概　　述

本章主要针对 110kV 线路间隔，讲述相关的二次设备及回路，主要包括测控装置、保护装置、操作箱回路、断路器机构控制回路等，能帮助工作人员（特别是新员工）加深对二次设备及回路的理解，指导现场实际工作。

4.2 测控装置回路

110kV 线路间隔测控装置回路包括测控装置的交流回路、直流回路、通信网络及开入/开出回路。

(1) 交流回路主要采集 110kV 线路三相电压、线路系统侧单相电压、110kV 线路三相电流、110kV 线路有功功率及无功功率等交流模拟量。

(2) 直流回路主要为测控装置提供工作电源、遥信电源及 GPS 时钟电源。

(3) 通信网络主要作为遥控、遥信、遥测、遥调信息的传送通道，实现 110kV 线路间隔测控装置与保护装置间，以及测控装置与变电站层间数字通信。

(4) 开入/开出回路既能完成对 110kV 线路保护及自动装置动作与告警信号，110kV 出线间隔断路器、隔离开关及接地开关的位置信号以及操作回路的预告信号等遥信量的采集任务，也能完成对 110kV 出线间隔断路器及隔离开关分、合闸的遥控操作任务。

4.2.1 测控装置交流回路

110kV 线路间隔测控装置交流回路包括交流电流回路（见图 4 - 1）和交流

电压回路（见图4-2）。

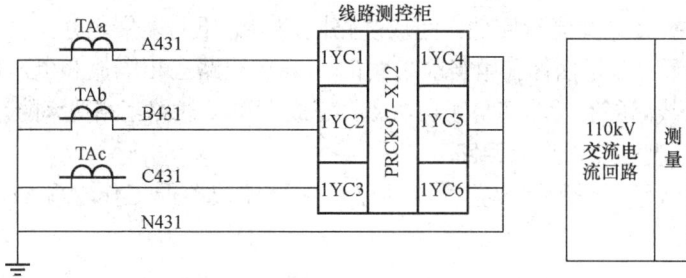

图 4-1　110kV 线路间隔测控装置交流电流回路

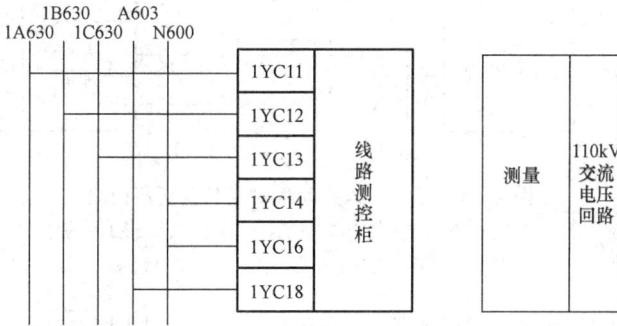

图 4-2　110kV 线路间隔测控装置交流电压回路

（1）交流电流回路。110kV 线路间隔测控装置三相输入电流来自本间隔汇控柜（或开关端子箱），电流回路编号分别为 A431、B431、C431、N431。三相输入电流经测控装置端子排上的 1YC1、1YC2、1YC3 端子接入测控装置的交流量插件。交流量插件把输入的三相电流模拟量变换成数字量，数字量经背板总线进入装置的管理板，管理板经串行口把数字量送到人机接口板，实现当前采集数据的显示，又经以太网把采集的数据送到变电站层监控主机存储。通过三相电流输入回路，出线间隔测控装置完成 110kV 线路三相电流的采集任务。

（2）交流电压回路。如图4-2所示，110kV 线路间隔测控装置交流电压回路分为线路三相电压和线路系统侧单相电压（线路 TYD 电压）两种。

线路三相电压来自 110kV 线路保护屏，回路编号为 1A630、1B630、1C630、N600，线路三相电压经出线测控屏端子排上的 1YC11、1YC12、1YC13 及 1YC14 端子接入测控装置的交流量插件。通过三相电压输入回路，线路间隔测控装置完成 110kV 线路三相电压的采集任务。

线路系统侧单相电压（线路 TYD 电压）也来自线路保护屏，回路编号为 A603、N600，线路系统侧单相电压经出线测控屏端子排上的 1YC18、1YC16 端子接入测控装置的交流量插件，完成线路同期用电压的采集任务。

测控装置交流量插件利用当前采集的 110kV 线路三相电流和电压的数值，计算出 110kV 线路的有功功率与无功功率，完成 110kV 线路三相功率的计算任务。

4.2.2 测控装置直流回路

110kV 线路间隔测控装置直流回路包括测控装置的工作电源和遥信电源两部分，如图 4-3 所示。

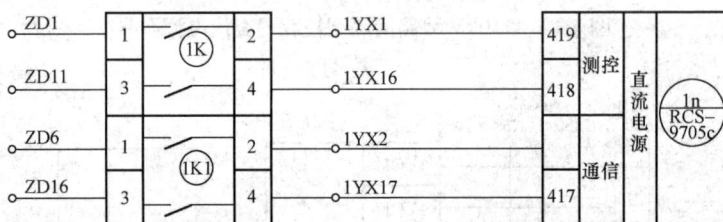

图 4-3　110kV 线路间隔测控装置直流回路
1K、1K1—空气开关；1YX1、1YX16、1YX2、1YX17—测控
装置端子排 1YX 上的 1、16、2 和 17 号端子

（1）工作电源回路。110kV 测控装置工作电源，即 DC 110/220V 工作电源来自测控装置电源环网。工作电源经端子 ZD1 与 ZD11、空气开关 1K 及测控装置端子 1YX1 与 1YX16 接入测控装置电源模块。

（2）遥信电源回路。110kV 测控装置通信电源，即 DC 110/220V 遥信电源来自测控装置电源环网。遥信电源经端子 ZD6 与 ZD16、空气开关 1K1 及测控装置端子 1YX2 与 1YX17 接入测控装置开入插件。

测控装置的工作电源与遥信电源分别由两路不同的直流电源供电，互不干扰，提高了直流电源供电的可靠性。

4.2.3 测控装置通信网络

110kV 线路间隔测控装置通信网络如图 4-4 所示。测控装置的通信网络为双以太网络结构，采用双网冗余设计。测控装置管理板（MASTER）上有以太网络芯片，能提供光或电双以太网接口，即图 4-4 所示的以太网口 1 和 2。把 110kV 线路间隔所有测控装置的以太网口并联，再用以太网线与变电站公用测控柜的集线器连接，形成 110kV 出线间隔测控装置的通信网络。测控装置的通信网络最终与变电站层双以太网接口，实现网络系统资源共享。

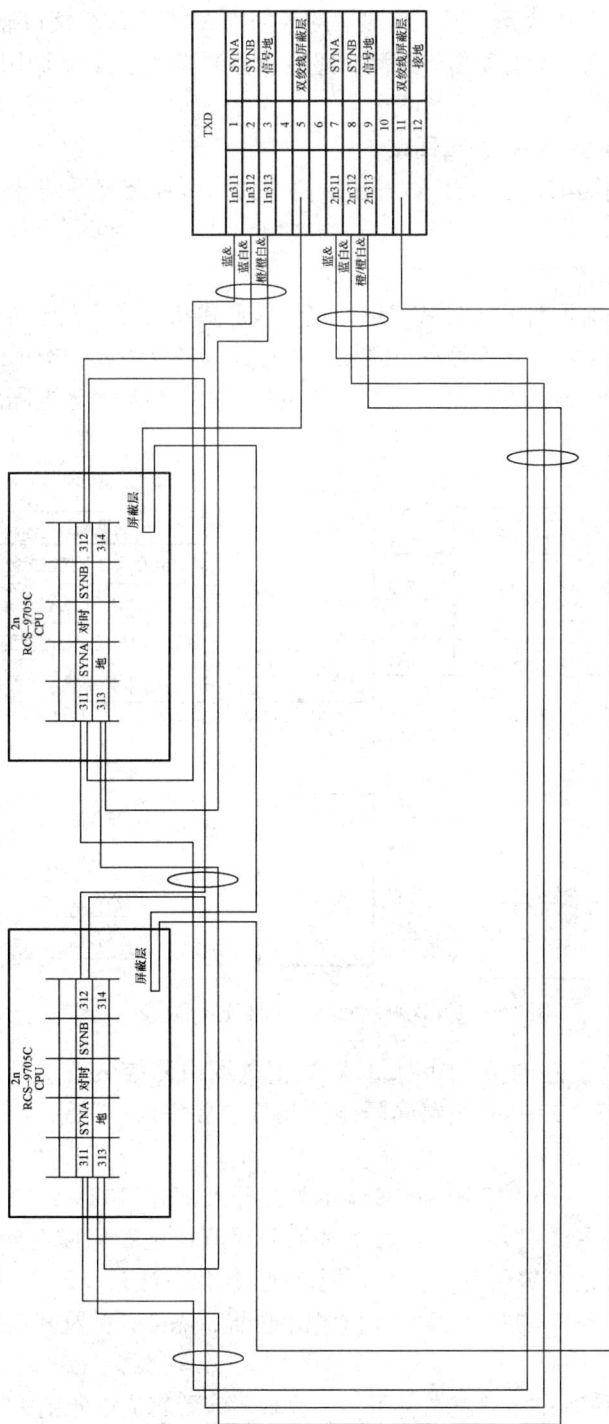

图 4 - 4　110kV 线路间隔测控装置通信网络

测控装置通过双以太网，向下将显示的数据给 MMI（人机接口插件），向上接受变电站层 PC 机下发的遥信、遥测、遥控及遥调指令，减少了中间环节，提高了网络通信效率。

4.2.4 测控装置开入/开出回路

110kV 出线间隔测控装置开入/开出回路主要由测控装置遥信开入回路和遥控开出回路构成。

1. 遥信开入回路

遥信开入回路有两种开入形式，即外接开入形式和直接开入形式。

（1）外接开入形式。开入触点由测控装置外部（经电缆或二次小线）引至测控屏端子排，再转到测控装置的开入插件背板端子上，最后经光电隔离后，进入到开入插件，如图 4-5 所示。

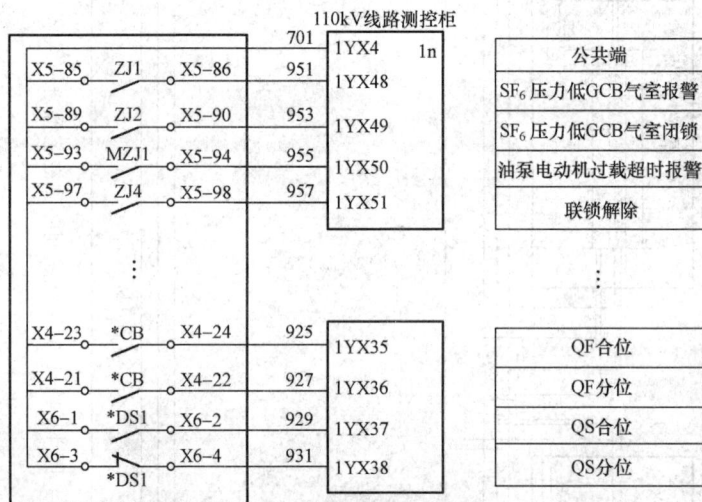

图 4-5 开入触点回路（外接开入形式）

外接开入触点回路的 DC 110/220V 遥信电源由测控装置电源环网引入。通过开入触点回路，110kV 线路间隔测控装置主要完成下列遥信信息的采集任务：

1）回路编号为 921～947、951～977 的外接开入，由 110kV 线路汇控柜（或断路器端子箱）经电缆引入，使 110kV 线路间隔测控装置完成对断路器位置、断路器的预告信号及告警信号（例如，操动机构储能状态、SF$_6$ 压力闭锁与告警、控制回路断线等）、断路器远方/就地把手位置、隔离开关及其接地开关位置等状态量的采集任务。

2）回路编号为 981～983 的外接开入，完成对装置直流电源消失和告警信号等状态量的采集任务。

（2）直接开入形式。将来自测控装置其他功能插件的遥信信息（例如，插件工作异常及告警信息等）通过装置背板总线实现数字通信，经串行口直接进入开入插件。直接开入电源电压一般为 DC 24V，由测控装置的电源模块提供。遥信开入回路如图 4-6 所示。

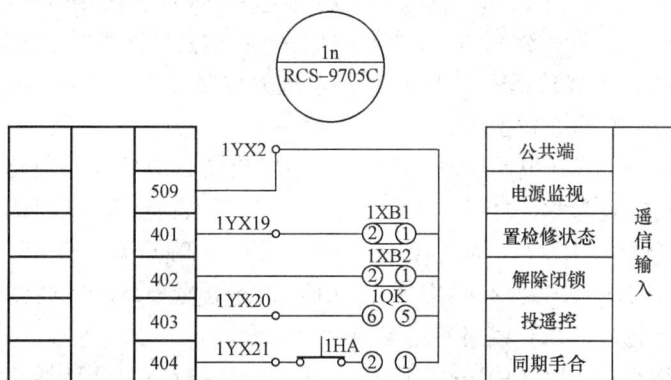

图 4-6　遥信开入回路

2. 遥控开出回路

110kV 出线间隔测控装置通过遥控开出回路开出的触点回路实现 110kV 线路断路器及隔离开关的"远方/就地"分、合闸遥控操作，以及线路断路器操作箱信号复归操作。遥控开出回路如图 4-7 所示。

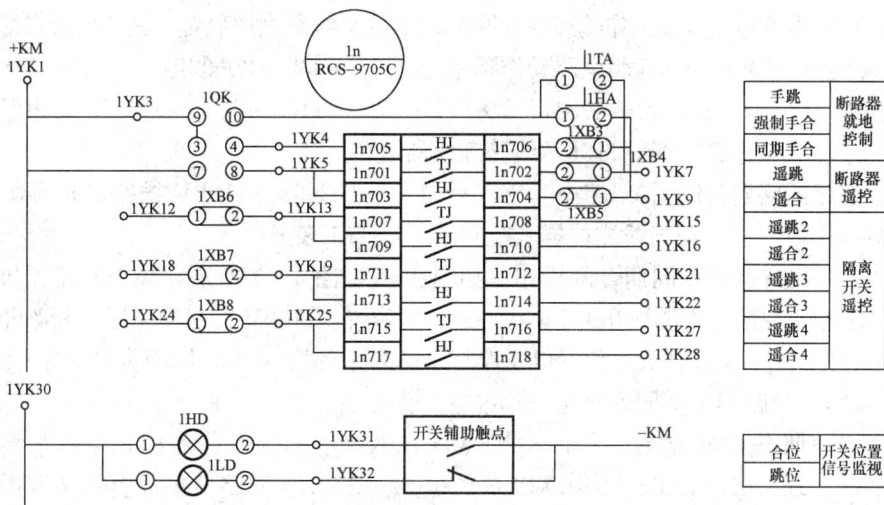

图 4-7　遥控开出回路

图 4-7 中的＋KM 遥控电源来自 110kV 线路保护屏，经电缆接到 110kV 出线间隔测控屏的测控装置端子排 1YK1 上，为遥控操作提供直流正电源。

3. 测控回路操作

测控回路与操作箱回路如图 4-8 所示。

(1) 断路器远方遥控合闸操作。如图 4-7、图 4-8 所示，断路器非同期遥控合闸操作时，首先在 110kV 线路断路器机构箱将断路器控制方式选择开关 LR 切换至"远方"位置，然后在 110kV 线路测控屏投入断路器遥控合闸连接片 1XB5，并将控制方式选择开关 1QK 切换至远方位置（⑦-⑧触点导通），断路器非同期遥控合闸操作准备工作完成。

上级调度中心或变电站层/操作员工作站发出"110kV 线路断路器合闸"指令，指令经测控装置背板总线传入开出插件，其开出触点端子（1n703、1n704）闭合，逻辑电路动作顺序为：101→1QK（⑦-⑧触点）→1YK5→开出触点（1n703、1n704）→1XB5-2→1XB5-1→1YK9→电缆→110kV 线路保护屏上断路器操作箱导通，110kV 线路断路器合闸。

线路断路器合闸后，101→1YK30→1HD→1YK31→110kV 线路保护屏上断路器操作箱导通，则出线测控屏上合闸指示灯 1HD 亮。

(2) 断路器遥控跳闸操作。如图 4-7、图 4-8 所示，检查断路器机构箱的断路器控制方式选择开关 LR 在"远方"位置、110kV 线路测控屏上断路器遥控分闸连接片 1XB4 在投入位置，以及控制方式选择开关 1QK 切换至远方位置（⑦-⑧触点导通），断路器非同期遥控跳闸操作准备工作完成。

上级调度中心或变电站层/操作员工作站发出"110kV 线路断路器跳闸"指令，指令由变电站远动工作站经以太网传入 110kV 线路测控装置，其开出触点端子（1n701、1n702）闭合，逻辑电路动作顺序为：101→1QK（⑦-⑧触点）→1YK5→开出触点（1n701、1n702）→1XB4-2→1XB4-1→1YK7→电缆→110kV 线路保护屏上断路器操作箱导通，110kV 线路断路器跳闸。

线路断路器跳闸后，101→1YK30→1LD→1YK32→110kV 线路保护屏上断路器操作箱导通，则出线测控屏上跳闸指示灯 1LD 亮。

(3) 断路器手动同期合闸操作。如图 4-7、图 4-8 所示，检查断路器机构箱的断路器控制方式选择开关 LR 在"远方"位置、110kV 线路测控屏上断路器同期手合连接片 1XB3 在投入位置以及控制方式选择开关 1QK 在同期位置（③-④触点导通），断路器手动同期合闸操作准备工作完成。

当同期条件满足后，101→1YK3→1QK（③-④触点）→开出触点端子（1n705、1n706）→1XB3-2→1XB3-1→电缆→110kV 线路保护屏上断路器操作箱导通，110kV 线路断路器合闸。

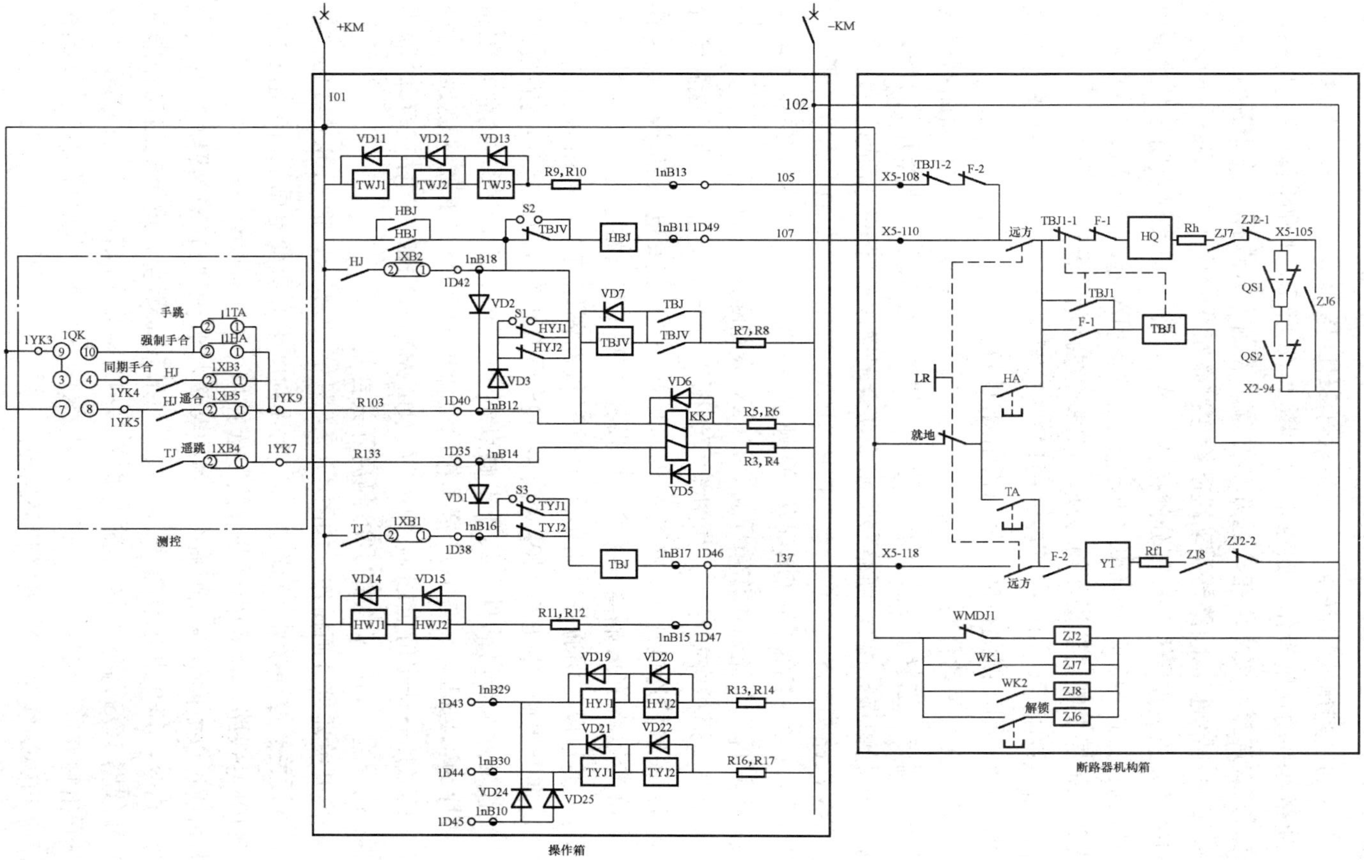

图 4－8　测控回路与操作箱回路

线路断路器合闸后，101→1YK30→1HD→1YK31→110kV 线路保护屏上断路器操作箱导通，则出线测控屏上合闸指示灯 1HD 亮。

（4）断路器手动跳闸操作。如图 4-7、图 4-8 所示，检查断路器机构箱的断路器控制方式选择开关 LR 在"远方"位置、控制方式选择开关 1QK 在就地位置（⑨-⑩触点导通），断路器手动跳闸操作准备工作完成。

在 110kV 线路测控屏上，按下分闸按钮 1TA，1TA/①-②触点闭合，逻辑电路动作顺序为：101→1YK3→1QK（⑨-⑩触点）→1TA/①-②→1YK7→电缆→110kV 线路保护屏上断路器操作箱导通，110kV 线路断路器跳闸。

线路断路器跳闸后，101→1YK30→1LD→1YK32→110kV 线路保护屏上断路器操作箱导通，则出线测控屏上跳闸指示灯 1LD 亮。

（5）断路器强制手动合闸操作。如图 4-7、图 4-8 所示，检查断路器机构箱的断路器控制方式选择开关 LR 在"远方"位置、控制方式选择开关 1QK 在就地位置（⑨-⑩触点导通），断路器强制手动合闸操作准备工作完成。

在 110kV 线路测控屏上，按下合闸按钮 1HA，1HA/①-②触点闭合，逻辑电路动作顺序为：101→1YK3→1QK（⑨-⑩触点）→1HA/①-②→1YK9→电缆→110kV 线路保护屏上断路器操作箱导通，110kV 线路断路器合闸。

（6）隔离开关遥控合闸操作。如图 4-7、图 4-8 所示，把 110kV 线路测控屏 1QS 隔离开关遥控连接片 1XB6 投入，上级调度中心或变电站层/操作员工作站发出"110kV 线路 1QS 隔离开关合闸"遥控指令。变电站层远动工作站将遥控信息下行，通过以太网通信网络传入 110kV 线路测控装置，再由测控装置管理插件 CPU 向开出插件发出"110kV 线路 1QS 隔离开关合闸"指令，指令经测控装置背板总线传入开出插件，其开出触点端子（1n707、1n708）闭合，逻辑电路动作顺序为：110kV 线路 1QS 端子箱的交流电源 L1→1YK12→1XB6-1→1XB6-2→1YK13→开出触点端子（1n707、1n708）→1YK15→电缆→1QS 隔离开关操动机构导通，110kV 线路 1QS 隔离开关合闸。

（7）隔离开关遥控分闸操作。如图 4-7、图 4-8 所示，把 110kV 线路测控屏 1QS 隔离开关遥控连接片 1XB6 投入，上级调度中心或变电站层/操作员工作站发出"110kV 线路 1QS 隔离开关分闸"遥控指令。

变电站通过以太网传输分闸命令，测控装置接收到"110kV 线路 1QS 隔离开关分闸"指令，其开出触点端子（1n709、1n710）闭合，逻辑电路动作顺序为：110kV 线路 1QS 端子箱的交流电源 L1→1YK12→1XB6-1→1XB6-2→1YK13→开出触点端子（1n709、1n710）→1YK16→电缆→1QS 隔离开关操动机构导通，使 110kV 线路 1QS 隔离开关分闸。

4.3 保护装置回路

以南瑞继保公司的 RCS-941 系列保护装置为例。RCS-941 系列保护装置配置了以纵联距离保护和零序方向元件为主体的快速主保护，以及三段式相间和接地距离保护，四段式零序方向过电流和低频保护等，具有三相一次重合闸、过负荷告警、频率跟踪采样等功能，还配备了跳合闸操作回路以及交流电压切换回路。

4.3.1 电源回路

根据继电保护反事故措施要求，不同装置分别经不同空气开关引出的不同电源分支，其开关投退相互独立。空气开关 1SA、2SA 和 3SA 的输入端来自不同的电源，如 RCS-941 系列保护装置的输出端分别进入保护电源、操作电源、切换电源。另外，110kV 间隔断路器机构箱的操作电源从 2SA 空气开关后接入，通过控制电缆将控制回路电源正、负极接至断路器机构箱。RCS-941 系列保护装置电源回路如图 4-9 所示。

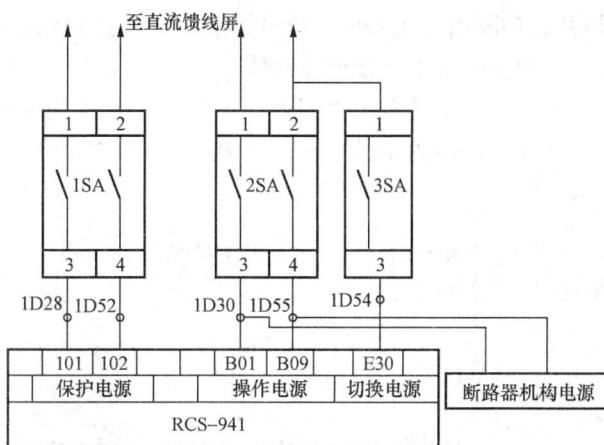

图 4-9 RCS-941 系列保护装置电源回路

4.3.2 电流开入回路

在电力系统中 110kV 电压等级为大电流接地系统，为了保证线路单相接地故障发生时保护能准确动作跳闸，现场电流互感器的二次回路配置采用星形接线方式，如图 4-10 所示。

电流开入：三相电流→保护装置→经采集元件后流出→汇集 1D6 端子处

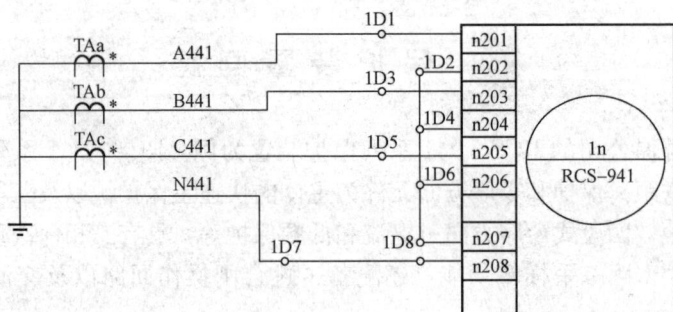

图 4-10　电流互感器二次回路配置采用星形接线方式

（正常情况下，$I_0 = 0$；线路发生不对称故障时，$I_0 \neq 0$）→I_0 再次从 n207 端子进入保护装置→零序电流采集单元→从 n208 端子流出→接地点。

4.3.3　电压开入回路

110kV 电压等级常采用双母线接线形式，电气设备间隔（如间隔 1，可能是线路或变压器）通过断路器 QF1、隔离开关 QS1 或者 QS2 连接到 Ⅰ 母线或 Ⅱ 母线上。Ⅰ 母线上接有电压互感器 TV1，Ⅱ 母线上接有电压互感器 TV2。显然当母线联络断路器 QFC 和隔离开关 QS3、QS4 闭合时，通过隔离开关 QS1 或 QS2 之间的切换，可以将间隔接至 Ⅰ 母线或 Ⅱ 母线。

正常运行情况下，间隔 1 接至 Ⅰ 母线时，间隔 1 的二次设备从 TV1 取得电压；间隔 1 接至 Ⅱ 母线时，间隔 1 的二次设备从 TV2 取得电压。双母线接线形式如图 4-11 所示。

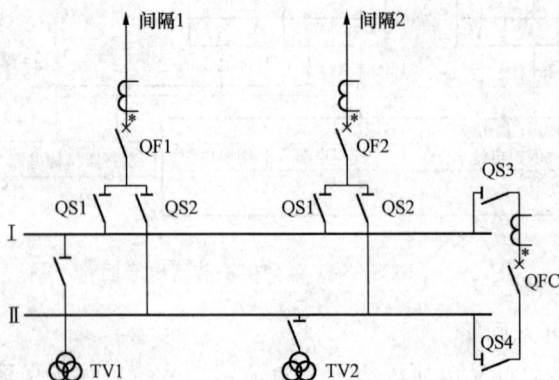

图 4-11　双母线接线形式

在电压切换回路的启动回路中，当间隔 1 通过断路器 QF1 和隔离开关 QS1 连接至 Ⅰ 母线时，隔离开关 QS1 动合触点闭合，继电器 1YQJ1～1YQJ5 带电，如图 4 - 12 所示。

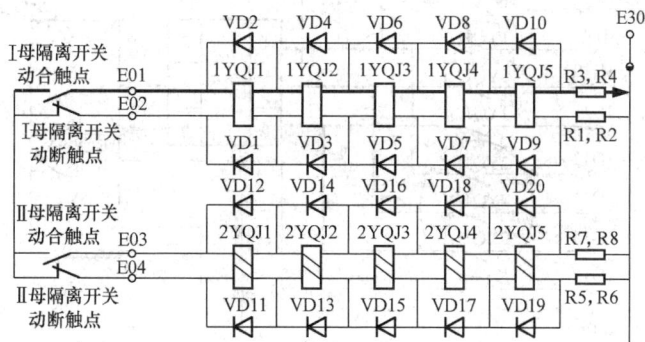

图 4 - 12　隔离开关 QS1 动合触点闭合

在电压切换回路的接线展开回路中，1YQJ1～1YQJ3 动合触点闭合，将 TV1 二次电压接入微机保护，如图 4 - 13 所示。

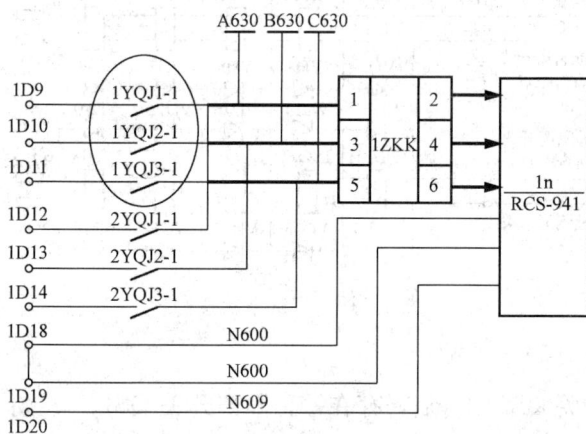

图 4 - 13　TV1 二次电压接入微机保护

当需将间隔 1 改接至Ⅱ母线时，先将隔离开关 QS2 合上，此时继电器 2YQJ1～2YQJ5 启动，其动合触点闭合，将 TV2 二次电压接入微机保护，如图 4 - 14 所示。

对于Ⅰ母线，断开隔离开关 QS1，QS1 的动断触点闭合，使 1YQJ1～1YQJ5 复归，其动合触点断开，TV1 二次电压与微机保护断开，对于Ⅱ母线同理，如图 4 - 15 所示。

进行上述操作前必须保证母线联络断路器 QFC 及隔离开关 QS3、QS4 都在合位，Ⅰ母线、Ⅱ母线已经处于并列运行状态，即 TV1、TV2 的一次电压已经

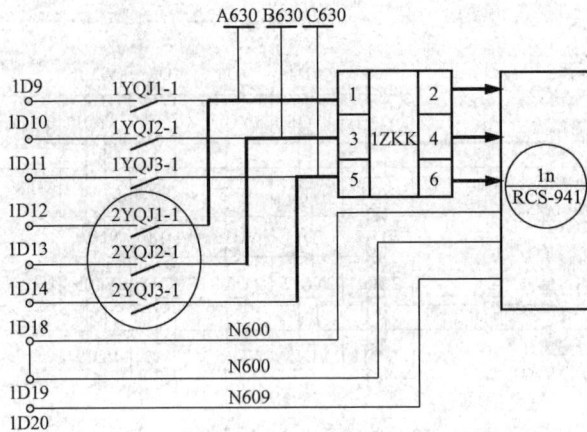

图 4-14　TV2 二次电压接入微机保护

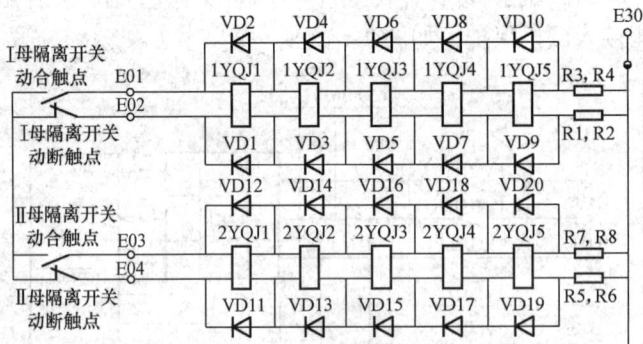

图 4-15　二次电压复归

并列。

　　因为隔离开关 QS2 闭合后，存在一个隔离开关 QS1、QS2 同时闭合的时间段（此时报"切换继电器同时动作"信号），如果此时两条母线未并列运行，就会出现强行将两条母线的二次电压并列的情况，这是绝对不允许的。

　　线路电压互感器二次电压（U609、N600）表示线路的电压情况，一般用于检无压、检同期（有压）。根据继电保护反事故措施要求，线路电压互感器二次电压与母线电压互感器二次电压的接地点是在一起的。二次电压中性线 N600 一点接地如图 4-16 所示。

4.3.4　开入回路

　　本节讲述 RCS-941 系列保护装置对外部数字量的采集，现场应用中最常用的是保护功能、闭锁重合闸、保护检修状态和其他开入等。

　　开入量均属于弱电（+24V）开入。在闭锁重合闸回路中，是用连接片来代

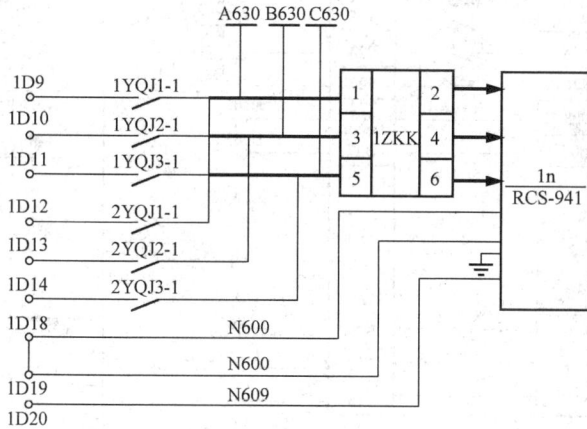

图 4-16　二次电压中性线 N600 一点接地

替触点实现相应的功能。

闭锁重合闸开入回路：+24V 正电源→公共端→闭锁重合闸连接片 XBn→保护装置 611，实现其闭锁功能，如图 4-17 所示。其他开入方式类似，不再阐述。

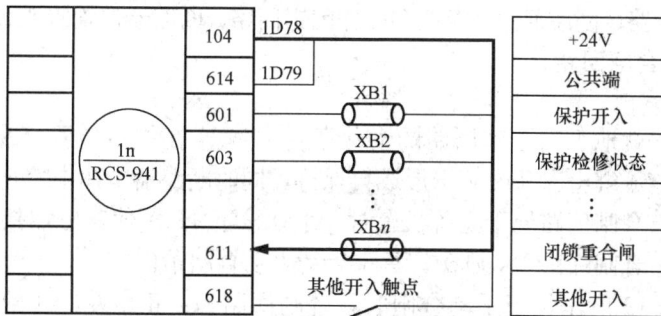

图 4-17　闭锁重合闸开入回路

4.3.5　开出回路

开出回路包括操作指令类无源触点、信号类触点、遥信类触点。保护跳闸触点和重合闸触点称为操作指令类无源触点。只有将两组无源触点接入操作箱对应的回路中，由操作箱提供正电源，才能在触点动作后启动对应的断路器控制回路。信号类触点和遥信类触点都属于信号输出开出类型触点。这两种信号触点表示同一信号含义的不同触点，区别在于信号类触点为保持触点，而遥信类触点为瞬动触点。开出回路如图 4-18 所示。

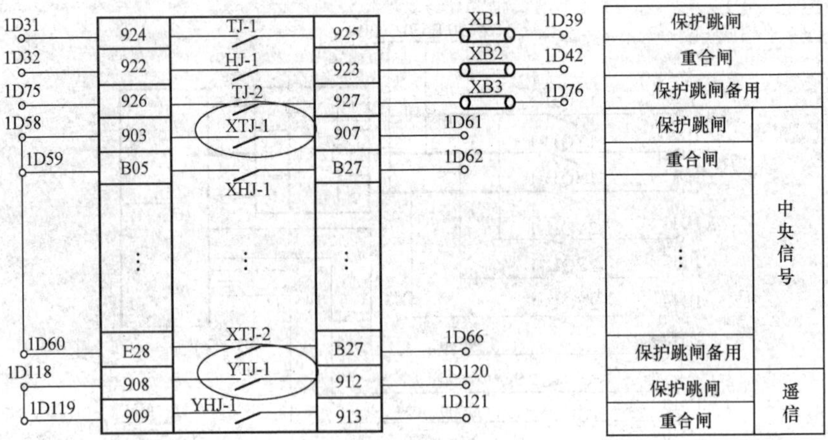

图 4 - 18　开出回路

4.4　操作箱回路

在生产实际应用中，110kV 电压等级采用三相操作回路，其原理接线如图 4 - 19 所示。与 RCS - 941 系列微机保护装置配合的三相操作回路，主要由合闸回路、跳闸回路、防跳回路、断路器操作闭锁回路、断路器位置监视回路等组成。

4.4.1　合闸回路

1. 手动合闸

测控装置就地手动合闸回路的动作条件：1QK 在就地位置（⑨-⑩触点导通）且防跳电压继电器 TBJV 未形成自保持，同时断路器本体未禁止合闸且断路器机构箱远方合闸回路处于完备状态时，手动按下 1HA 使其触点接通，合闸回路整体导通，合闸线圈 YC 励磁，具备启动手动合闸条件。

如图 4 - 19 所示，当手动合闸时，合闸回路为：正电端 101→测控装置内［端子 1YK3→1QK（⑨-⑩触点）→手合操作按键 1HA（手合）→端子 1YK9］→回路号 R103 的电缆→操作箱内［端子 1D40→二极管 VD3→"断路器本体异常禁止合闸"继电器（HYJ1、HYJ2）的动断触点→防跳电压继电器 TBJV 的动断触点→合闸保持继电器 HBJ］→回路号 107 的电缆→断路器机构箱内［X5 - 110 端子→LR（就地/远方）转换开关的远方位置触点→防跳电压继电器 TBJ1 的动断触点 TBJ1 - 1→断路器的动断辅助触点 F - 1→合闸线圈 YC→电阻 Rh→低油压闭锁合闸启动继电器 ZJ7 的动合触点→SF₆ 压力低闭锁启动继电器 ZJ2 - 1 的动断触点→X5 - 105 端子→间隔内各隔离开关辅助触点（QS1 与 QS2 串联）或解除闭锁启动继电器 ZJ6 的动合触点］→负电端 102。合闸线圈 YC 励磁，实现手动合闸功能。

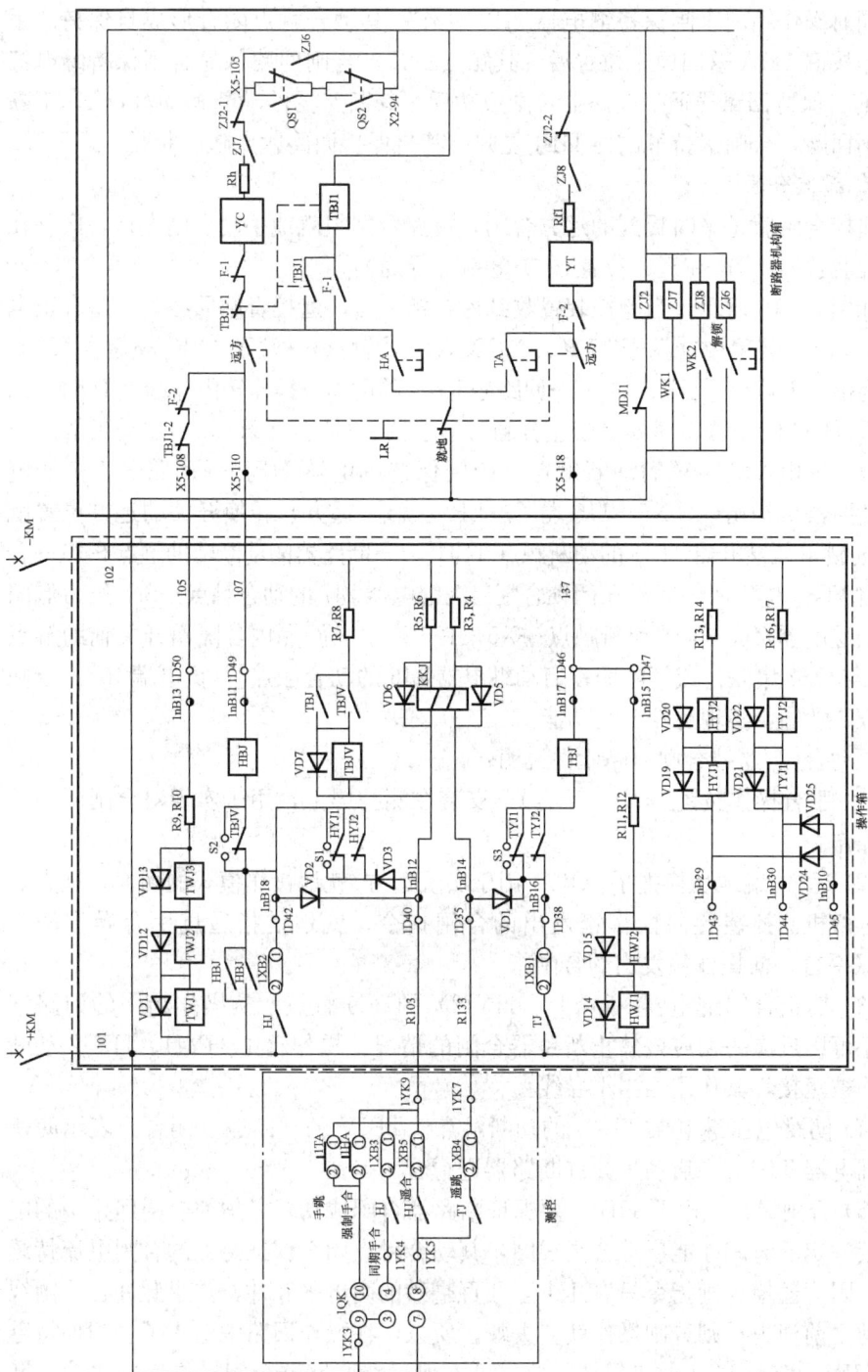

图 4 − 19 三相操作回路原理接线（点虚线框）

同时操作箱内合闸保持继电器 HBJ 动作，其动合触点闭合形成自保持。手合操作按键 1HA 返回原来位置后，其触点断开，合闸回路依靠合闸保持继电器 HBJ 的自保持回路导通。断路器合闸成功后，其断路器的动断辅助触点 F－1 断开合闸回路，合闸保持继电器 HBJ 复归，其自保持回路触点随后断开。

2. 遥控合闸

遥控合闸就是平时提到的远方合闸，遥控合闸与就地手动合闸类似，区别在于测控装置内 1QK 在远方位置（⑦-⑧触点导通）。

如图 4－19 所示，当测控装置收到遥合指令后，遥控合闸回路为：遥合正电端 101→测控装置内［端子 1YK3→1QK（⑦-⑧触点）→端子 1YK5→遥合 HJ 触点→连接片 1XB5→端子 1YK9］→回路号 R103 的电缆→操作箱内［端子 1D40→二极管 VD3→"断路器本体异常禁止合闸"继电器（HYJ1、HYJ2）的动断触点→防跳电压继电器 TBJV 的动断触点→合闸保持继电器 HBJ］→回路号 107 的电缆→断路器机构箱内［X5－110 端子→LR（就地/远方）转换开关的远方位置触点 →防跳电压继电器 TBJ1 的动断触点 TBJ1－1→断路器的动断辅助触点 F－1→合闸线圈 YC→电阻 Rh→低油压闭锁合闸启动继电器 ZJ7 的动合触点→SF₆ 压力低闭锁启动继电器 ZJ2－1 的动断触点→X5－105 端子→间隔内各隔离开关辅助触点（QS1 与 QS2 串联）或解除闭锁启动继电器 ZJ6 的动合触点］→负电端 102。合闸线圈 YC 励磁，实现遥控合闸功能。

手动合闸/遥控合闸回路元件说明：

（1）手合操作按键 1HA（手合）。安装在测控屏上，用于实现对合闸回路的强电操作。

（2）远方/就地切换把手 1QK。用于实现远方/就地操作模式的切换。远方是指通过微机测控装置向操作箱发出的合闸指令，就地是指通过手合操作按键 1HA（手合）向操作箱发出的合闸指令。

（3）禁止合闸继电器（HYJ1、HYJ2）的动断触点。从操作箱中的回路来看，它可以反应一切应该禁止断路器合闸的情况。操作箱中 HYJ1、HYJ2 动断触点均被短接，其作用相当于导线。

（4）防跳电压继电器 TBJV 的动断触点。TBJV 的动断触点闭合，表示防跳电压继电器 TBJV 未启动，允许断路器进行合闸操作。

（5）合闸保持继电器 HBJ。要保证断路器合闸成功，必须使合闸回路中的电流持续一定的时间才能启动合闸线圈，其动合触点闭合保证足够的合闸电流持续时间。因为遥控合闸指令只有几十至几百毫秒的高电平脉冲，如果脉冲在合闸线圈启动之前消失，则合闸操作就会失败。所以，在操作回路中引入了合闸保持继电器 HBJ，依靠 HBJ 的自保持回路，可以保证在断路器合闸操作完成之前，断路器的合闸回路一直保持导通状态，确保断路器能够完成合闸操作。

合闸保持继电器 HBJ 的自保持回路还保证了一定是由断路器的动断触点 F-1 断开合闸回路，避免了由不具备足够开断容量的 1HA 触点或遥合触点断此回路造成粘连甚至烧毁危险。

3. 同期手合

当测控装置满足同期合闸条件时，同期合闸继电器 HJ 被驱动，其动合触点闭合，启动同期合闸回路，动作过程与手合基本相同。

如图 4-19 所示，当测控装置满足同期合闸条件同期合闸继电器 HJ 被驱动后，其动合触点闭合，同期手合回路为：遥合正电端 101→测控装置内［端子 1YK3→1QK（③-④触点）→端子 1YK4→同期合闸 HJ 触点→连接片 1XB3→端子 1YK9］→回路号 R103 的电缆→操作箱内［端子 1D40→二极管 VD3→"断路器本体异常禁止合闸"继电器（HYJ1、HYJ2）的动断触点→防跳电压继电器 TBJV 的动断触点→合闸保持继电器 HBJ］→回路号 107 的电缆→断路器机构箱内［X5-110 端子→LR（就地/远方）转换开关的远方位置触点→防跳电压继电器 TBJ1 的动断触点 TBJ1-1→断路器的动断辅助触点 F-1→合闸线圈 YC→电阻 Rh→低油压闭锁合闸启动继电器 ZJ7 的动合触点→SF₆ 压力低闭锁启动继电器 ZJ2-1 的动断触点→X5-105 端子→间隔内各隔离辅助接点（QS1 与 QS2 串联）或解除闭锁启动继电器 ZJ6 的动合触点］→负电端 102。合闸线圈 YC 励磁，实现同期手合功能。

4. 自动合闸

当保护装置满足重合闸条件时，CPU 被驱动，其自动重合闸继电器 HJ 的动合触点闭合，启动自动重合闸回路，动作过程与手合基本相同。

如图 4-19 所示，保护装置满足重合闸条件 CPU 被驱动，HJ 的动合触点闭合，自动合闸回路为：操作箱内的［正电端 101→重合闸投退连接片 1XB2→防跳电压继电器 TBJV 的动断触点→合闸保持继电器 HBJ］→回路号 107 的电缆→断路器机构箱内的［X5-110 端子→LR（就地/远方）转换开关的远方位置触点→防跳电压继电器 TBJ1 的动断触点 TBJ1-1→断路器的动断辅助触点 F-1→合闸线圈 YC→电阻 Rh→低油压闭锁合闸启动继电器 ZJ7 的动合触点→SF₆ 压力低闭锁启动继电器 ZJ2-1 的动断触点→X5-105 端子→间隔内各隔离开关辅助触点（QS1 与 QS2 串联）或解除闭锁启动继电器 ZJ6 的动合触点］→负电端 102。合闸线圈 YC 励磁，实现自动合闸功能。

4.4.2 跳闸回路

1. 手动跳闸

在测控装置处就地手动跳闸回路的动作条件：1QK 在就地位置（⑨-⑩触点

导通)，同时断路器本体未禁止跳闸，断路器机构箱远方跳闸回路处于完备状态时，手动按下 1TA 使其触点导通，跳闸回路整体导通，跳闸线圈 YT 励磁，具备启动手动跳闸条件。

如图 4-19 所示，当手动跳闸时，跳闸回路为：正电端 101→测控装置内[端子 1YK3→1QK（⑨-⑩触点）→手跳操作按键 1TA（手跳）→端子 1YK7]→回路号 R133 的电缆→操作箱内[端子 1D35→二极管 VD1→"断路器本体异常禁止跳闸"继电器（TYJ1、TYJ2）的动断触点→跳闸保持继电器 TBJ]→回路号 137 的电缆→断路器机构箱内[X5-118 端子→LR（就地/远方）转换开关的远方位置触点→断路器的动合辅助触点 F-2→跳闸线圈 YT→电阻 Rf1→低油压闭锁合闸启动继电器 ZJ8 的动合触点→SF₆ 压力低闭锁启动继电器 ZJ2-2 的动断触点]→负电端 102。跳闸线圈 YT 励磁，实现手动跳闸功能。

同时操作箱内跳闸保持继电器 TBJ 动作，其动合触点闭合形成自保持。手合操作按键 1TA 返回原来位置后，其触点断开，跳闸回路依靠跳闸保持继电器 HBJ 的自保持回路导通。断路器跳闸成功后，其动断辅助触点 52a（两对串联后再并联）断开跳闸回路，跳闸保持继电器 HBJ 复归，其自保持回路节点随后断开。

2. 遥控跳闸

遥控跳闸就是平时提到的远方跳闸，遥控跳闸与就地手动跳闸类似，区别在于：测控装置内 1QK 在远方位置（⑦-⑧触点导通）。

如图 4-19 所示，当测控装置收到遥跳指令后，跳闸回路为：遥跳正电端 101→测控装置内[端子 1YK3→1QK（⑦-⑧触点）→端子 1YK5→遥跳 TJ 触点→连接片 1XB4→端子 1YK7]→回路号 R133 的电缆→操作箱内[端子 1D35→二极管 VD1→"断路器本体异常禁止跳闸"继电器（TYJ1、TYJ2）的动断触点→跳闸保持继电器 TBJ]→回路号 137 的电缆→断路器机构箱内[X5-118 端子→LR（就地/远方）转换开关的远方位置触点→断路器的动合辅助触点 F-2→跳闸线圈 YT→电阻 Rf1→低油压闭锁合闸启动继电器 ZJ8 的动合触点→SF₆ 压力低闭锁启动继电器 ZJ2-2 的动断触点]→负电端 102。跳闸线圈 YT 励磁，实现遥控跳闸功能。

手动跳闸/遥控跳闸回路元件说明如下：

(1) 手跳操作按键 1TA（手跳）。安装在测控屏上，用于实现对跳闸回路的强电操作。

(2) 远方/就地切换把手 1QK。用于实现远方/就地操作模式的切换。远方是指通过微机测控装置向操作箱发出的跳闸指令，就地是指通过按键 1TA 向操作箱发出的跳闸指令。

（3）禁止跳闸继电器（TYJ1、TYJ2）的动断触点。从操作箱中的回路来看，它可以反映一切应该禁止断路器跳闸的情况。操作箱中 TYJ1、TYJ2 动断触点均被短接，其作用相当于导线。

（4）跳闸保持继电器 TBJ。要保证断路器跳闸成功，必须使跳闸回路中的电流持续一定的时间以启动跳闸线圈，其动合触点闭合保证足够的合闸电流持续时间。因为遥控跳闸指令只有几十至几百毫秒的高电平脉冲，如果脉冲在跳闸线圈启动之前消失，则跳闸操作就会失败。所以，在操作回路中引入了跳闸保持继电器 TBJ，依靠 TBJ 的自保持回路，可以保证在断路器跳闸操作完成之前，断路器的合闸回路一直保持导通状态，确保断路器能够完成跳闸操作。

跳闸保持继电器 TBJ 的自保持回路还保证了一定是由断路器的动合触点 F-2 断开跳闸回路，避免了由不具备足够开断容量的 1TA 触点或遥合触点断开此回路造成粘连甚至烧毁危险。

3．自动跳闸

自动跳闸回路是由保护装置中的自动跳闸继电器 TJ 的动合触点闭合后启动的，是微机保护装置向操作控制回路发出跳闸的命令，微机保护装置负责对采集到的数据进行运算分析，确定是否有故障。若有故障保护装置满足条件，则 CPU 被驱动，其自动跳闸继电器 TJ 的动合触点闭合，动作过程与手跳基本相同。

如图 4-19 所示，保护装置满足跳闸条件，CPU 被驱动，TJ 的动合触点闭合，自动跳闸回路为：正电端 101→跳闸投退连接片 1XB1→操作箱内［端子 1D38→二极管 VD1→"断路器本体异常禁止跳闸"继电器（TYJ1、TYJ2）的动断触点→跳闸保持继电器 TBJ］→回路号 137 的电缆→断路器机构箱内［X5-118 端子→LR（就地/远方）转换开关的远方位置触点→断路器的动合辅助触点 F-2→跳闸线圈 YT→电阻 Rf1→低油压闭锁合闸启动继电器 ZJ8 的动合触点→SF$_6$ 压力低闭锁启动继电器 ZJ2-2 的动断触点］→负电端 102。跳闸线圈 YT 励磁，实现自动跳闸功能。

自动跳闸属于本间隔保护动作发出的跳闸命令，对于断路器操作回路还要设置外部保护跳闸和自动装置跳闸等。

外部跳闸和自动装置跳闸是由操作回路配套的本间隔保护之外的其他微机保护或自动装置发出跳闸指令，如母差保护动作、低频减载动作、备用电源自动投入装置（简称备自投）动作等。它们发出的跳闸指令与本间隔微机保护发出的跳闸指令的作用模式是相似的，即提供一个代表跳闸指令的无源动合触点，与本间隔微机保护提供的动合触点并联接入操作箱即可，如图 4-19 所示中跳闸投退连接片 1XB1 下方。

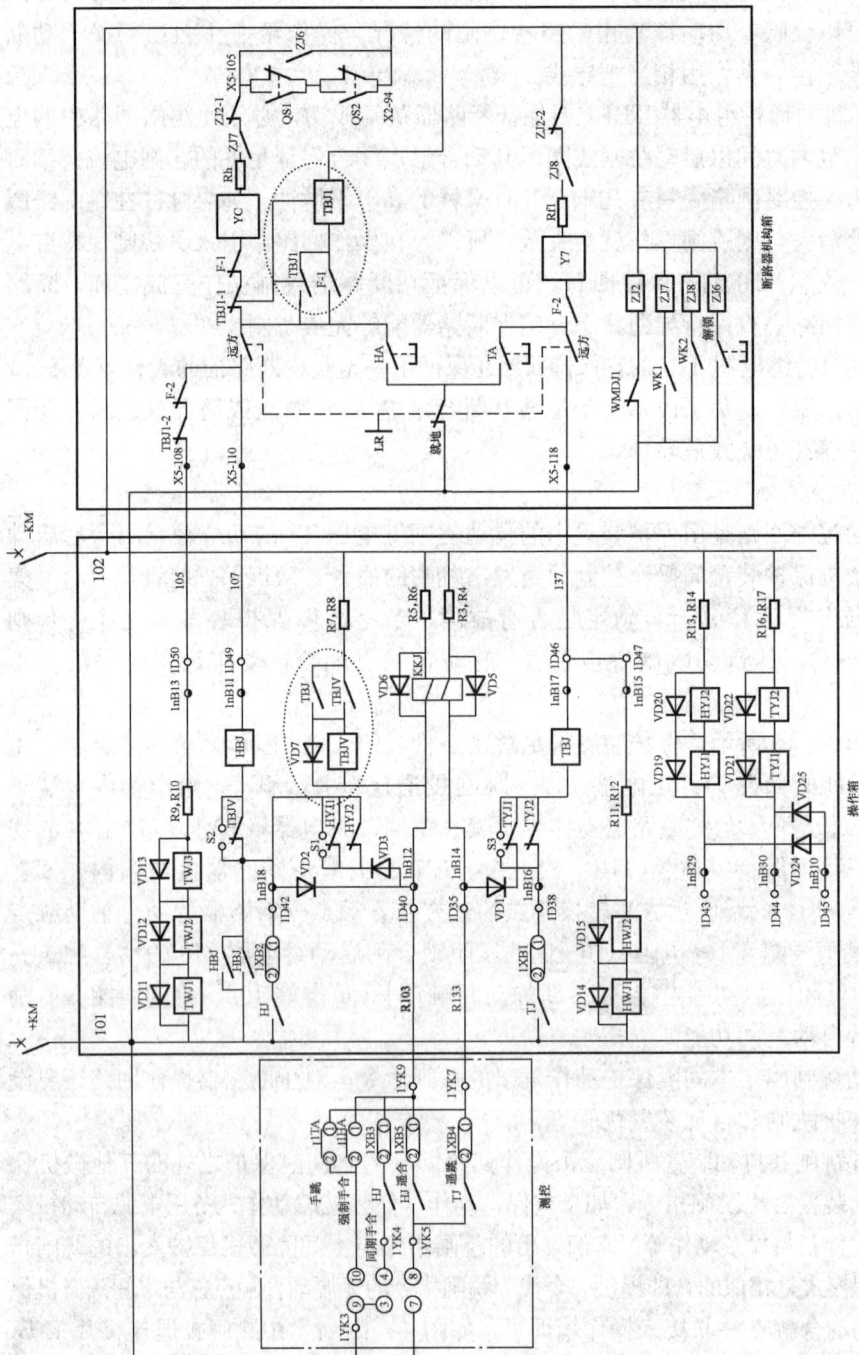

图 4 – 20 防跳回路原理接线（点虚线圈）

4.4.3 防跳回路

微机操作箱中防跳回路的作用与断路器机构箱中防跳回路的作用相同，根据电力系统继电保护反事故措施要求，保留一套即可。防跳回路原理接线如图4-20所示的点虚线圈。

操作箱收到合闸指令后，合闸保持继电器HBJ启动并实现自保持，断路器机构箱内合闸回路导通，断路器开始合闸，合闸成功。合闸成功后若合到有故障的线路上，此时保护启动跳闸，跳闸保持继电器TBJ动作。其动合触点闭合之后启动防跳继电器TBJV，TBJV动合触点闭合使其保持，然后断开其动断触点，达到防止第二次合闸脉冲合闸的效果。

4.4.4 跳/合闸监视回路

断路器在跳闸状态时，合闸回路是导通的；断路器在合闸状态时，跳闸回路是导通的。跳/合闸监视回路原理接线如图4-21所示的点虚线圈。

1. 跳闸监视回路

如图4-21所示，断路器在跳闸状态时，合闸回路是导通的，即正电端101→跳闸监视继电器（TWJ1、TWJ2、TWJ3）→电阻R9、R10→端子1D50→回路号105的电缆→断路器机构箱内［X5-108端子→TBJ1动断（闭）触点TBJ1-2→断路器的动断辅助触点F-2→LR（就地/远方）转换开关的远方位置触点→防跳电压继电器TBJ1的动断触点TBJ1-1→断路器的动断辅助触点F-1→合闸线圈YC→电阻Rh→低油压闭锁合闸启动继电器ZJ7的动合触点→SF$_6$压力低闭锁启动继电器ZJ2-1的动断触点→X5-105端子→间隔内各隔离辅助触点（QS1与QS2串联）或解除闭锁启动继电器ZJ6的动合触点］→负电端102。此时跳闸监视继电器（TWJ1、TWJ2、TWJ3）励磁对应触点给其他地方做信号等指示，起到跳闸监视作用。

2. 合闸监视回路

如图4-21所示，断路器在合闸状态时，跳闸回路是导通的，即正电端101→合闸监视继电器（HWJ1、HTWJ2）→电阻R11、R12→端子1D47→端子1D46→回路号137的电缆→断路器机构箱内的［X5-118端子→LR（就地/远方）转换开关的远方位置接点→断路器的动断辅助触点F-2→跳闸线圈YT→电阻Rf1→低油压闭锁合闸启动继电器ZJ8的动合触点→SF$_6$压力低闭锁启动继电器ZJ2-2的动断触点］→负电端102。此时合闸监视继电器（HWJ1、HWJ2）励磁对应触点给其他地方做信号等指示，起到合闸监视作用。

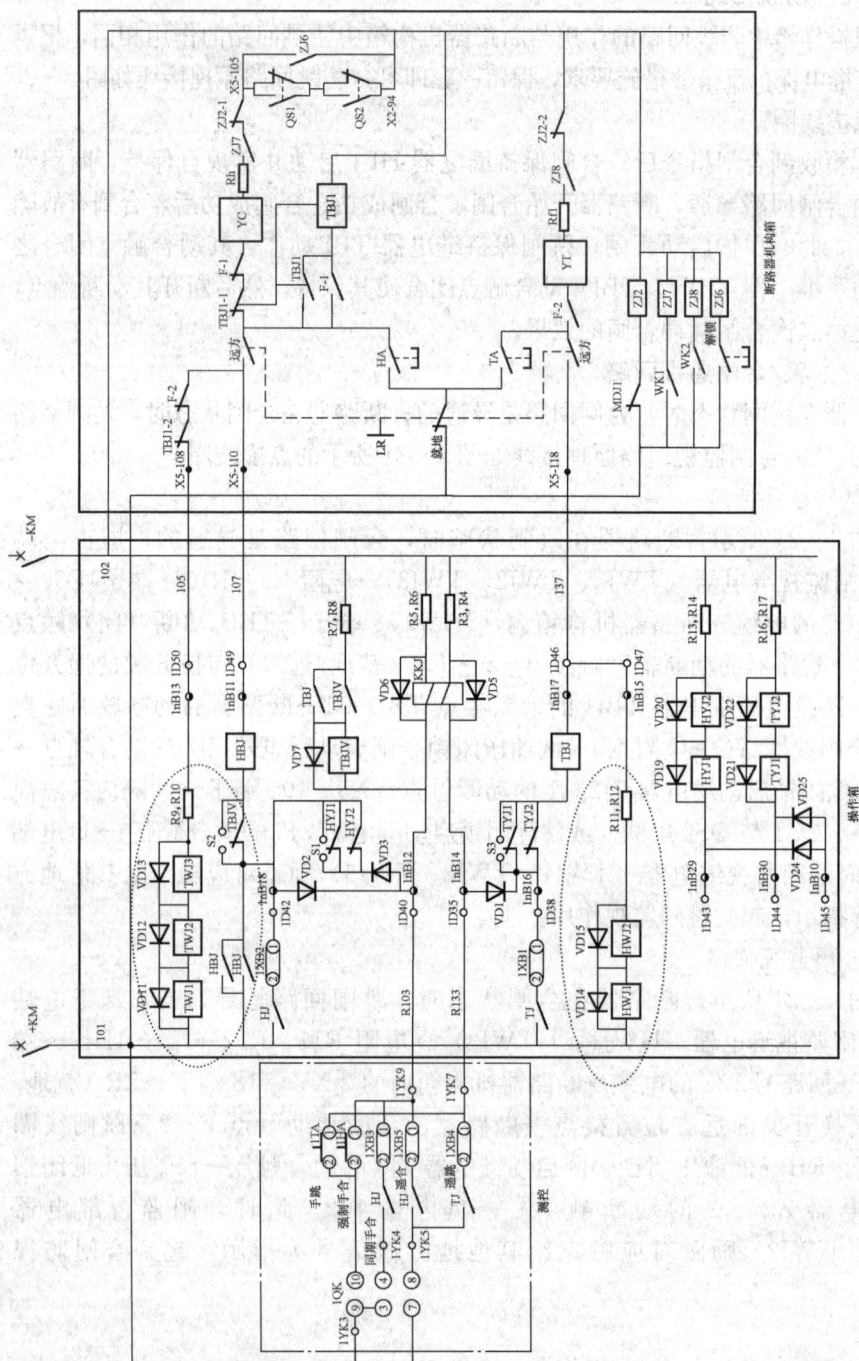

图 4 - 21 跳/合闸监视回路原理接线（点虚线圈）

4.5 断路器机构控制回路

断路器机构箱控制回路主要包括断路器的跳闸、合闸操作回路以及相关的防跳、闭锁回路等。断路器机构箱控制回路原理接线如图 4-22 所示的点虚线圈。

4.5.1 断路器的合闸操作

下面以 110kV 电压等级常用的 ZF6-110 型液压弹簧机构断路器为例介绍断路器的合闸操作。断路器机构箱的合闸操作分为手动就地合闸和远方合闸两种。

1. 手动就地合闸

手动就地合闸：LR（就地/远方）转换开关的位置接点在就地状态，当手合按下 1HA 合闸按钮时，手动就地合闸回路为：正电端 101→LR（就地/远方）转换开关的就地位置接点 →1HA 合闸按钮→防跳电压继电器 TBJ1 的动断触点 TBJ1-1→断路器的动断辅助触点 F-1→合闸线圈 YC→电阻 Rh→低油压闭锁合闸启动继电器 ZJ7 的动断触点→SF₆ 压力低闭锁启动继电器 ZJ2-1 的动断触点→X5-105 端子→间隔内各隔离辅助触点（QS1 与 QS2 串联）或解除闭锁启动继电器 ZJ6 的动合触点]→负电端 102。合闸线圈 YC 励磁，实现手动就地合闸功能。

2. 远方合闸

对断路器而言，远方合闸是指一切通过微机操作箱发出的合闸指令，包括 4.4.1 中合闸回路的手动合闸、遥控合闸、同期手合、自动合闸等。这些合闸指令都是通过操作箱控制的合闸回路传送到断路器机构箱内的合闸回路的。当 LR 处于远方状态时，合闸指令通过 LR 以及断路器机构箱内的合闸回路与负电源形成回路，启动合闸线圈 YC 完成合闸操作。

LR（就地/远方）转换开关的位置接点在远方状态，远方合闸指令实际是高电位，合闸回路为：LR（就地/远方）转换开关的位置远方触点→防跳电压继电器 TBJ1 的动断触点 TBJ1-1→断路器的动断辅助触点 F-1→合闸线圈 YC→电阻 Rh→低油压闭锁合闸启动继电器 ZJ7 的动合触点→SF₆ 压力低闭锁启动继电器 ZJ2-1 的动断触点→X5-105 端子→间隔内各隔离辅助触点（QS1 与 QS2 串联）或解除闭锁启动继电器 ZJ6 的动合触点→负电端 102。合闸线圈 YC 励磁，实现远方合闸功能。

断路器手动就地合闸/远方合闸回路元件说明如下：

（1）断路器的远方合闸回路，除了 LR 在远方位置外，与就地合闸回路是一样的。还包括防跳电压继电器 TBJ1 的动断触点 TBJ1-1、断路器的动断辅助触点 F-1、合闸线圈 YC、电阻 Rh、低油压闭锁合闸启动继电器 ZJ7 的动合触点、SF₆ 压力低闭锁启动继电器 ZJ2-1 的动断触点、X5-105 端子、间隔内各隔离开

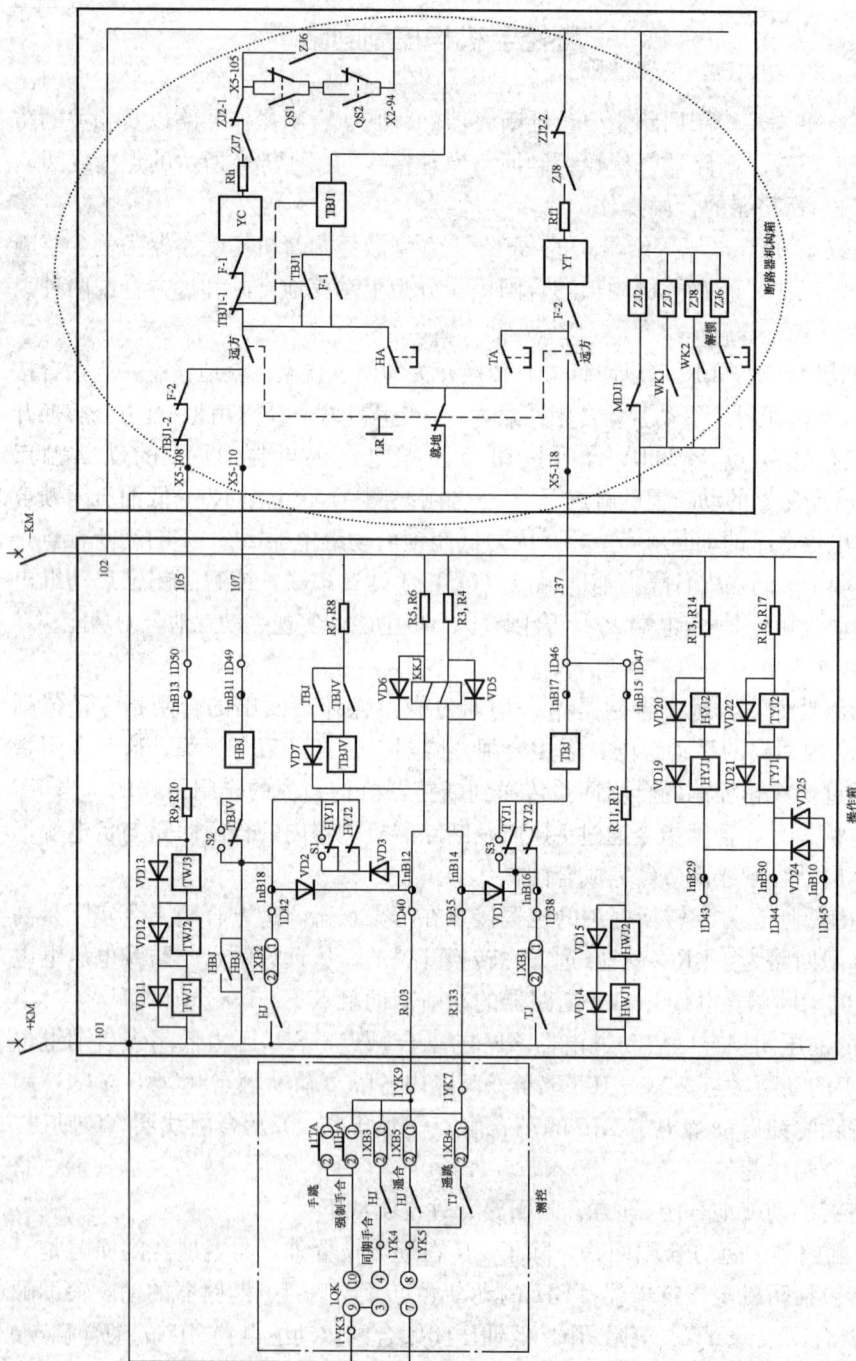

图 4 - 22 断路器机构箱控制回路原理接线（点虚线线圈）

关辅助触点（QS1 与 QS2 串联）或解除闭锁启动继电器 ZJ6 的动合触点，最后到负电端 102。

（2）TBJ1-1 动断触点闭合。TBJ1 是防跳继电器，防跳是指防止在手合断路器时发生线路故障。在手合开关触点粘连的情况下，由于"线路保护动作跳闸"与"手合开关触点粘连"同时发生，因此造成断路器在跳合闸动作之间跳跃。将防跳电压继电器 TBJ1 的动断触点 TBJ1-1 串入合闸回路，可在手合断路器后发生手合开关触点粘连的情况下，断开断路器的合闸回路。

（3）电阻 Rh 起分压作用。

（4）在低油压时，WK1 触点闭合启动继电器 ZJ7，实现低油压闭锁合闸功能。

（5）SF_6 压力低闭锁启动继电器 ZJ2-1 的动断触点。在 SF_6 压力低时，MDJ1 压力触点闭合启动继电器 ZJ2，实现 SF_6 压力低闭锁功能。

（6）断路器的动断辅助触点 F-1 闭合，表示断路器处于分闸状态。

（7）间隔内各隔离开关辅助触点（各隔离开关辅助触点动合触、动断触并联后再与 QS1、QS2 串联）。当断路器两侧的隔离开关处于分位或合位时，断路器才能合闸，防止在本间隔隔离开关分合不到位的情况下合闸。

（8）解除闭锁时，将 SK 置于解锁状态，启动继电器 ZJ6，此时将间隔内各隔离开关辅助触点短接，实现解锁功能。

4.5.2 断路器的跳闸操作

1. 就地跳闸

手动就地跳闸：LR（就地/远方）转换开关的就地位置接点，当手跳按下 1TA 跳闸按钮时，就地跳闸回路为：正电端 101→LR（就地/远方）转换开关的就地位置接点→1TA 跳闸按钮→断路器的动合辅助触点 F-2→跳闸线圈 YT→电阻 Rf1→低油压闭锁合闸启动继电器 ZJ8 的动合触点→SF_6 压力低闭锁启动继电器 ZJ2-2 的动断触点→负电端 102。跳闸线圈 YT 励磁，实现就地跳闸功能。

2. 远方跳闸

对断路器而言，远方跳闸是指一切通过微机操作箱发出的跳闸指令，包括 4.4.2 中跳闸回路的手动跳闸、遥控跳闸、自动跳闸等。这些跳闸指令都是通过操作箱控制的跳闸回路传送到断路器机构箱内的跳闸回路的。当 LR 处于远方状态时，跳闸指令通过 LR 以及断路器机构箱内的跳闸回路与负电源形成回路，启动跳闸线圈 YT 完成跳闸操作。远方跳闸指令是高电位。

4.5.3 断路器机构箱防跳回路

当操作箱上跳线端子 S2 接上时，选择断路器机构箱防跳。当手合按下 1HA 合闸按钮粘连，正电经过断路器的动合辅助触点 F-1，防跳继电器 TBJ1 启动，并经防跳继电器动合触点 TBJ1 保持。直到合闸命令撤销，防跳继电器 TBJ1 返回。防跳继电器 TBJ1 动作时，TBJ1 动断（闭）触点 TBJ1-1 打开，断开合闸回路，一次合闸指令只能控制合闸一次，达到防跳效果。

4.5.4　断路器操作的闭锁回路

断路器操作的闭锁回路，根据断路器电压等级和工作介质的不同配置不同闭锁功能。常见的有 SF_6 压力低闭锁及低油压闭锁跳合闸等功能。

4.5.5　辅助回路

辅助回路包括信号回路、电动机回路、加热器回路。

1. 信号回路

信号回路实际均是无源触点，可接入光字牌报警系统或微机测控装置中，主要包括 SF_6 压力降低报警、低油压闭锁、跳合闸闭锁操作等。

2. 电动机回路

电动机回路包括电动机控制回路和电动机电源回路，其原理接线如图 4-23 所示。

断路器合闸后，储能触点 CK 闭合，此时 KM 继电器励磁，KM-1 触点闭合，电动机通电，驱动液压给弹簧储能，合闸弹簧储能完毕后，储能触点 CK 打开，KM 继电器失磁，KM-1 触点断开，电动机失电，停止打压。SJ 时间继电器为电动机运转超时继电器，如果由于机构故障，无法打压，

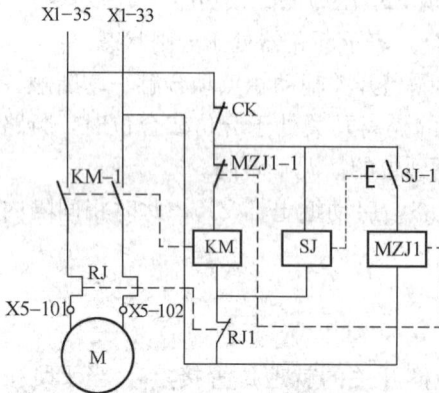

图 4-23　电动机回路原理接线

到整定时间后，SJ 时间继电器动作，SJ-1 触点闭合，MZJ1 继电器励磁，其动断触点打开，使得 KM 继电器失磁，KM-1 触点打开，断开电动机回路，防止电动机长时间运转，起到保护电动机的作用。RJ 为热偶继电器，如果打压时，电动机内部故障，热偶继电器 RJ 将动作，RJ-1 打开，KM 继电器失磁，KM-1触点断开，断开电动机回路，起到保护电动机的作用。

电动机在断路器合闸后开始再次运转储能。储能完成后，在第二次合闸前，合闸弹簧一直处于已储能状态，与断路器在此期间是否跳闸无关。如此即可保证在断路器合闸后，即使断路器机构在再次储能完成后失去电动机电源，仍然可以在断路器跳闸后进行一次合闸操作。如 110kV 线路在故障跳闸后的重合闸操作所需的能量，是在断路器第一次合闸后就开始储备并留存待用的，而不是在跳闸后才开始储备的。

3. 加热器回路

加热器回路由温湿度控制器自动控制。当断路器机构箱内温度偏低、湿度偏高时，动合触点闭合启动加热器，对断路器机构箱进行加热、除潮，避免环境对断路器机构运行造成影响。

本章思考题

1. 写出电压切换回路实现过程。
2. 什么是开出回路？
3. 写出手动合闸的步骤。
4. 微机操作箱的防跳回路如何实现？
5. 断路器跳/合闸监视回路如何实现？
6. 断路器手动就地合闸操作如何操作？
7. 写出断路器手动就地合闸/远方合闸回路的区别。
8. 断路器机构的防跳回路如何实现？
9. 试读 220kV 电压等级分相操作回路。

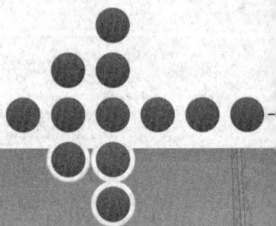

5

保护装置及二次回路调试验收

5.1 概　　述

随着继电保护及自动化装置的不断更新以及系统设备的不断增加，继电保护及自动化装置验收、定检工作日渐增多。继电保护的检验分为验收检验、定期检验、补充检验三种。其中验收包括的内容最全，覆盖范围最广。优良的验收检验能给运行维护带来很大的方便，还能防止保护误动、拒动。

线路现场验收主要包括二次回路验收和保护装置验收，本章将以 220kV 线路为例，对 220kV 线路间隔的调试验收作业方法进行详述。

5.2 保护回路验收

5.2.1 资料检查

验收检验时，资料检查的内容主要包括：

（1）检查所有保护及相关设备、出厂试验报告、合格证、图纸资料、技术说明书等，开箱记录应与装箱记录一致，并有监理工程师签字确认。

（2）检查施工图纸及设计变更单、图纸审核会议纪要等齐全、正确。

（3）检查保护、通道设备、断路器、电流互感器、电压互感器的验评报告、记录表格及安装记录齐全、正确，必要时检查保护装置打印的施工调试报告。设备安装试验报告要求记录所使用的试验仪器、仪表型号和编号；所有的设备安装试验报告要求有试验人员、审核人员及监理工程师签名，并做出试验结论。

（4）检查开箱记录单上提供的专用工具及备品、备件齐全。

5.2.2 外观检查

保护屏体及屏内设备外观检查的内容及要求如下：

（1）屏柜及装置标识检查。屏、柜的正面及背面各电器、端子排、切换连接片等应标明编号、名称、用途及操作位置，字迹应清晰、工整，且不易脱色，并与有关标识规定相符合；装置的铭牌标识及编号应符合设计图样的要求；保护通道及接口设备标识清晰、正确，并与有关标识规定相符合。

（2）外部观感检查。装置的型号、数量和安装位置等情况，应与设计图纸相符；装置的表面不应有影响质量和外观的擦伤、碰伤、沟痕、锈蚀、变形等缺陷；装置面板键盘完整，操作灵活，液晶屏幕显示清楚，指示灯显示正常；所有紧固件均应具有防腐蚀镀层和涂层，对于既作连接又作导电用的零件应采用铜质或性能更优良的材料；可运动部件应按设计要求活动自如、可靠，不得有影响运动性能的松动，在规定运动范围内不应与其他零件碰撞或摩擦。

5.2.3 二次回路接线要求

二次回路接线要布线清楚，按图施工，标识清楚。重点关注的细节有以下几点：

（1）跳（合）闸引出端子应与正电源适当隔开，至少间隔一个端子。如果现场不满足条件，应在跳合闸引出端子间增加隔片。

（2）正负电源在端子排上的布置应适当隔开，至少间隔一个端子。如果现场不满足条件，应在正负电引出端子间增加隔片。

（3）对外每个端子的每个端口原则上只接一根线（尽可能优化端子接线），相同截面积的电缆芯接入同一端子时接线不超过两根，不同截面积的电缆芯不得接入同一端子，所有端子接线稳固。

（4）所有电缆固定后应在同一水平位置剥齐，每根电缆的芯线应分别绑扎，接线按从里到外、从低到高的顺序排列。电缆芯线接线应有一定的裕度。

（5）所有二次电缆及端子排二次接线的连接应可靠，芯线标识齐全、正确、清晰。芯线标识应用线号机打印，不能手写。芯线标识应包括回路编号及电缆编号。

（6）电缆采用多股软线时，必须经压接线头接入端子。

（7）电缆的保护套管合适，电缆应挂标识牌，电缆孔封堵严密。

5.2.4 抗干扰接地检查

抗干扰接地主要是指电缆屏蔽层两端的接地，且电缆屏蔽层的接地都应连接在二次接地网上。抗干扰接地检查的内容如下：

（1）装设静态保护的保护屏间应用截面积不小于 $100mm^2$ 的专用接地铜排直接连通，形成保护室内二次接地网。保护屏柜下部应设有截面积不小于 $100mm^2$ 的接地铜排，屏上设接地端子，并用截面积不小于 $4mm^2$ 的多股铜线连接到接地铜排上，接地铜排应用截面积不小于 50mm^2 的铜缆与保护室内的二次接地网相连。保护屏柜下部接地如图 5-1 所示。

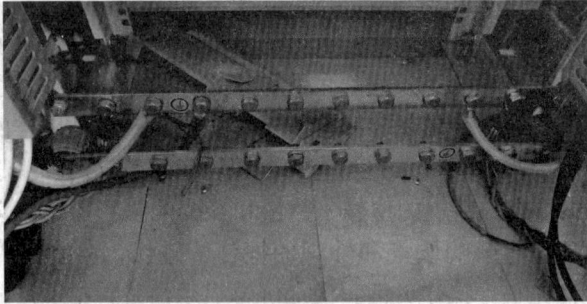

图 5-1 保护屏柜下部接地

（2）保护屏本身必须可靠接地。

（3）保护装置的箱体必须可靠接地。

5.2.5 二次回路检查

检查主要包括标识及回路绝缘、回路寄生等方面。

（1）标识及回路绝缘检查。对直流空气开关的检查须注意以下几方面：

1）断路器控制电源与保护装置电源应分开且独立，控制电源与保护装置电源应取自同一段直流母线。

2）断路器操动机构箱内或保护操作箱内压力闭锁回路，其直流电源应取自断路器控制电源。

3）电压切换装置直流电源应与本间隔控制回路直流电源共用一组电源，二者在保护屏上通过直流断路器分开供电。

4）保护通道设备（放置在通信机房的设备除外）电源应与对应的保护装置电源共用一组直流电源，二者在保护屏上通过直流空气开关分开供电。

5）应采用具有自动脱扣功能的直流空气开关，不得用交流空气开关替代。保护屏配置的直流空气开关应有设备名称和编号的标签。

（2）回路寄生检查。回路寄生检查步骤如下：

1）将所有空气开关合上（包括开关机构的交、直流空气开关），分别测量所有空气开关下端，正负电应分别对应且正确。

2）只断开某一空气开关，对应空气开关下端应无电，应注意的是，需分别用万用表交流挡和直流挡来量测，以防止交直流寄生。保护屏柜电源开关如图 5-2 所示。

5.2.6 绝缘检查

绝缘检查内容包括保护装置回路、电流回路、电压回路、直流控制回路、信

图 5-2　保护屏柜电源开关

号回路的绝缘。进行装置绝缘试验时，装置内所有互感器的屏蔽层应可靠接地，

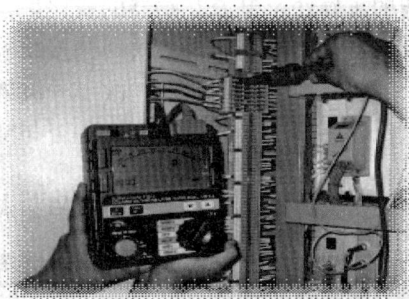

图 5-3　保护回路绝缘检查

在测量某一组回路对地绝缘电阻时，应将其他各组回路都接地；测试后，应将各回路对地放电。摇测时应通知有关人员暂时停止在回路上的一切工作，断开被检验装置的交直流电源。长电缆回路对地摇测结束后需对地进行放电。特别注意必须断开与运行设备相连接部分的回路，采取措施防止保护误动。保护回路绝缘检查如图 5-3 所示。

由于控制回路在接线中的重要性，在现场验收时，必须特别注意控制回路与其他回路的绝缘问题。

5.2.7　电流、电压二次回路检查

电流、电压是二次回路中最主要的采集量，保护是否动作均需要以电流量和电压量为依据，具体工作方法可参考相关书籍。

1. 电流互感器二次回路检查

（1）绕组接线核对。在电流互感器二次回路挂标识牌标明走向及用途。在保护屏、录波屏、安稳屏、母差屏、备自投屏、端子箱、测控屏、计量屏等电流互感器二次回路端子排旁贴二次回路走向图。

对电流互感器的极性进行逐一验证，电流互感器的极性符合设计要求。

（2）电流互感器二次回路接地检查。电流互感器的二次回路有且只能有一个接地点。独立的、与其他互感器二次回路没有电气联系的电流互感器二次回路，宜在开关场实现一点接地。由几组电流互感器组合的电流回路，如各种多断路器主接线的保护电流回路，其接地点宜选在控制室。一般来说 220kV 线路保护，除了母差保护需要在母差保护屏一点接地外，其他电流回路均需在端子箱处一点接地。电流回路一点接地检查可结合绝缘检查进行：断开电流互感器二次回路接

地点，检查全回路对地绝缘，若绝缘合格可判断仅有一个接地点。

（3）电流互感器极性、变比试验。测试电流互感器各绕组间的极性关系，核对铭牌上的极性标识是否正确。检查电流互感器各次绕组的连接方式及其极性关系是否与设计符合。

测试 TA 各绕组的变比，核对铭牌上的变比大小是否正确，并对照设计图纸选用合适的变比。

（4）电流互感器 TA 参数测试。测试 TA 的拐点电动势、TA 内阻及 TA 二次负载，校核额定二次极限电动势和最大短路电流时的暂态系数。

（5）电流回路一次通流试验。通过电流互感器一次通流试验，确认二次回路接线的正确性及电流互感器的变比。

电流互感器变比及二次回路接线验证。对电流互感器加一次电流，分别测量保护屏、测控屏、计量屏、故障录波屏、母差保护屏电流回路二次电流，检查所接电流互感器二次绕组的变比是否与定值通知单要求一致，确认电流回路没有开路。在二次接线柱逐一短接电流回路二次绕组，验证电流回路接线正确，同时确认保护不存在因施工接线错误引起的死区。通过升流试验检查后的电流回路如有变动，应再次进行本试验。若项目的运行维护单位规定由一次专业负责，保护专业仍需掌握试验结果，并存档。

（6）电流回路二次通流试验。验收检验时，自电流互感器的二次端子箱处向负载端通入交流电流，分别测量保护屏、测控屏、计量屏、故障录波屏、母差保护屏电流回路二次电流，检查所接二次回路的正确性。电流回路二次通流试验仅适用于二次设备改造的技改工程。

2. 电压互感器及二次回路检查

检查电压互感器二次绕组的用途、接线方式、级别、容量、实际使用变比。

保护屏电压回路配置三相快速联动空气开关，电缆截面积满足误差要求。在电压二次回路进行通电试验，对经电压切换装置的电压回路（包括母线切换），分别通入Ⅰ母 A 相 30V、B 相 40V、C 相 50V，开口三角 L 20V，Ⅱ母 A 相 35V、B 相 45V、C 相 55V，开口三角 L 25V，检查切换前电压回路电压值及回路接线的正确性；分别模拟Ⅰ母隔离开关合位、Ⅱ母隔离开关合位，检查切换后电压回路电压值及回路接线的正确性。

验收检验时，对线路抽取电压，要求在电压互感器一次回路进行通电压试验，检查各组别、变比是否正确，检查电压二次回路接线是否正确。

检查接线正确性，进行 TV 并列功能校验。检查中严禁 TV 反充电事故发生。

5.3 保护装置功能调试

保护装置功能调试是继电保护从业人员的一项基本技能。对保护装置进行功能调试是确保继电保护装置可靠运行的基本手段，但初学人员往往对保护调试方法不了解，调试过程中容易缺项漏项，不能发现保护装置的缺陷，导致保护装置带缺陷投运，造成系统风险。本节将以 PRC31BM - 22 光纤电流差动保护屏试验为例，系统介绍保护装置功能的调试方法，使初学人员掌握继电保护装置调试的基本方法和步骤。

1. 版本核查

保护装置的软件版本是保护厂家根据业主的技术规范研发的软件代号，需要经过电网公司组织的统一入网测试。一个电网系统内的软件版本应保持一致，便于进行统一的技术管理。标准的软件版本应符合省级或网级公司统一发布的版本。

检查方法：进入"程序版本"子菜单，查对软件版本与最新发布的版本要求一致，核对程序校验码、管理序号均正确。

2. 交流回路检查

此项试验的目的是检验屏内交流回路接线是否正确和装置采样精度是否满足要求，向屏内背面的交流电压、交流电流端子排分别通入交流电压、交流电流，检查装置的各 CPU 的采样值和相位。具体步骤如下：

（1）在保护端子 1D1、1D3、1D5、1D7 端子上分别通入 A、B、C、N 三相交流电流，1D9、1D10、1D11、1D12 端子上分别通入三相电压，如图 5 - 4 所示。并使各相的交流电压超前交流电流的相角差固定为 30°。

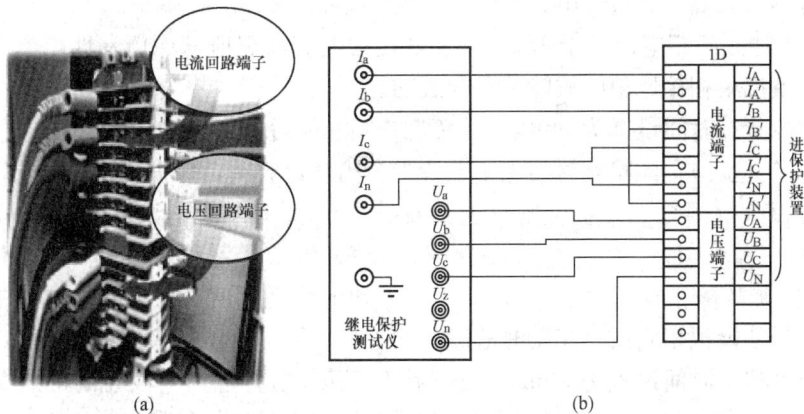

图 5 - 4 保护交流回路检查
（a）保护端子；（b）保护交流回路接线

（2）进入"保护状态"菜单中"DSP 采样值"子菜单，液晶显示屏上显示的采样值应与实际加入量相等，其误差应小于±5%。

（3）进入"保护状态"菜单中"CPU 采样值"子菜单，在保护屏端子上分别加入额定的电压、电流量，在液晶显示屏上显示的采样值应与实际加入量相等，其误差应小于±5%。

（4）进入"保护状态"菜单中"相角显示"子菜单，在液晶显示屏上显示的角度应为电压超前电流30°，三相电压、电流各自互差120°。

3. 输入接点检查

此项试验的目的是检查连接片和开入回路连线是否正确，可通过改变屏内连接片的状态，用导线短接各开入端子和开入正电源或启动操作箱相应回路方式，检查各开入量的变位情况。

进入"保护状态"菜单中"开入状态"子菜单观察差动保护开入状态、距离保护开入状态等。

4. 光纤差动保护调试

电流差动继电器由变化量相差动继电器、稳态相差动继电器和零序差动继电器三部分组成。此项试验的目的是校验该项保护的定值和功能。校验步骤如下：

（1）将 CPU 插件上的接收"RX"和发送"TX"用尾纤短接，构成自发自收方式，定值中"本侧与对侧纵联码"改为一致。

（2）仅投主保护连接片，重合闸方式切换把手切在"单重方式"（根据实际系统中应用的重合闸方式来定）。

（3）整定保护定值控制字中"投纵联差动保护"置1、"投重合闸"置1。

（4）开关处于合位，用试验仪给本装置加入 A、B、C、N 三相额定电压，电流可不加，等待装置充电，直到"充电"灯亮。

（5）加故障相电流大于1.05×0.5×差动电流高定值与4倍容性电流中的最大值，模拟单相接地瞬时故障并重合成功。

故障状态时间设置为50ms，故障状态50ms后再加入一段时间的空载状态（正序额定电压）。此状态时间大于装置重合闸整定时间，保护单跳并重合，装置面板上相应跳闸灯亮，重合闸灯亮，液晶上显示"电流差动保护"，动作时间约25ms。

（6）加故障相电流大于1.05×0.5×差动电流高定值与4倍容性电流中的最大值，分别模拟相间或三相瞬时故障。

故障状态时间设置为50ms，故障状态50ms后再加入一段时间的空载状态（正序额定电压）。此状态时间大于装置重合闸整定时间，保护三跳不重合，装置面板上三相跳闸灯都亮，重合闸灯不亮，液晶上显示"电流差动保护"，动作时间为 15~25ms。

（7）加故障相电流大于 1.05×0.5×差动电流低定值与 1.5 倍容性电流中的最大值，分别模拟单相或多相故障，故障状态时间设置为 100ms（因为低值动作固定有 40ms 延时），100ms 后再加入一段时间的正序空载状态（正序额定电压），此状态时间大于装置重合闸整定时间。

单相故障单跳并重合装置面板上相应跳闸灯亮，重合闸灯亮，液晶上显示"电流差动保护"。

多相故障三跳不重合，装置面板上三相跳闸灯都亮，重合闸灯不亮，液晶上显示"电流差动保护"，动作时间为 40~70ms。

（8）零序差动试验。适当抬高差动电流高定值和差动电流低定值，保证在做零序差动试验时，相差动保护不会动。

适当整定线路正序容抗，使得容性电流大于 $0.1I_N$。加三相对称电压和三相对称容性电流的 1/2（即电流超前电压 90°），以满足电容电流补偿条件。任意增加一相电流（另外两相不变），使得零序电流大于 $0.3I_N$，故障持续 120ms，零差保护选相动作，动作时间大于 100ms。

（9）通道联调。两侧光纤通道正确连接，装置通道异常灯不亮，将对侧开关手跳在分位，本侧加入的单相电流应同时大于差动电流高定值和 4 倍容性电流，本侧差动保护可选相动作，动作时间 30ms 左右。同样，本侧开关手跳在分位，对侧加入单相电流大于差动电流高定值 4 的倍容性电流，对侧保护可选相动作。

（10）远跳试验。两侧光纤通道正确连接，装置通道异常灯不亮，对侧装置"远跳受本侧控制"定值若为 0，本侧短接 1D46 和 1D50 远跳开入，本侧向对侧发远跳命令，对侧装置收到远跳命令后跳闸，三相跳闸灯都亮。若对侧装置"远跳受本侧控制"定值为 1，则先给对侧装置加入电流（此电流要大于零序启动电流定值或电流变化量启动定值，以保证对侧装置能够启动），然后本侧短接 1D46 和 1D50 远跳开入，本侧向对侧发远跳命令，对侧装置收到远跳命令后跳闸，三相跳闸灯都亮。

5. 距离保护校验

距离保护具有保护范围稳定、保护性能优良、适应性强等特点，常作为本线路的近后备保护和相邻线路、元件的远后备保护。此项试验的目的是校验该项保护的定值和功能。校验步骤如下：

（1）仅投距离保护连接片，重合闸方式切换把手切在"单重方式"。

（2）整定保护定值控制字中"投接地距离Ⅰ段"置 1、"投相间距离Ⅰ段"置 1、"投重合闸"置 1。

（3）开关处于合位，用试验仪给本装置加入 A、B、C、N 三相电压，电流可不加，装置充电直到"充电"灯亮。

（4）模拟正方向单相接地故障，加入适当大小的故障相电流（如果接地距离Ⅰ段定值很小，应适当增大故障电流），故障相电压＝0.95倍故障电流×（1＋零序补偿系数 K）×接地距离Ⅰ段阻抗定值。故障相电流滞后故障相电压的角度为本装置定值中的正序灵敏角，分别模拟各相单相接地，故障状态时间设置为50ms，在故障状态50ms后应给本装置再加入一段时间的正序额定电压，此时间大于装置重合闸整定时间，保护单跳并重合，装置面板上相应灯亮，液晶上显示"接地距离Ⅰ段动作"，动作时间约为35ms（以 A 相接地故障为例）。

（5）方法同上，模拟正方向单相接地故障，加入适当大小的故障相电流，故障相电压＝1.05倍故障电流×（1＋零序补偿系数 K）×接地距离Ⅰ段阻抗定值，接地距离Ⅰ段不动作。

（6）模拟正方向相间故障，加入适当大小的故障相电流，故障相电压＝2×0.95倍故障电流×相间距离Ⅰ段阻抗定值，故障相间电流滞后故障相间电压的角度为本装置定值中的正序灵敏角，故障状态时间设置为50ms。在故障状态50ms后应给本装置再加入一段时间的正序额定电压，此时间大于装置重合闸整定时间，保护三跳不重合，装置面板上相应灯亮，液晶上显示"相间距离Ⅰ段动作"，动作时间为 10～35ms，动作相为 A、B、C 三相（以 AB 相间故障为例）。

（7）方法同上，模拟正方向相间故障，加入适当大小、相间故障电流，故障相间压＝1.05×2倍故障电流×相间距离Ⅰ段阻抗定值，相间距离Ⅰ段不动作。

（8）模拟三相正方向故障，加入适当大小、对称的三相故障相电流，对称的三相故障电压＝0.95倍故障电流×相间距离Ⅰ段阻抗定值，故障相电流滞后故障相电压的角度为本装置定值中的正序灵敏角，故障状态时间设置为50ms。在故障状态50ms后应给本装置再加入一段时间的正序额定电压，此时间大于装置重合闸整定时间，保护三跳不重合，装置面板上相应灯亮，液晶上显示"相间距离Ⅰ段动作"动作时间为 10～35ms，动作相为 A、B、C 三相。

（9）方法同上，模拟三相正方向故障，加入适当大小、对称的三相故障电流，三相故障电压＝1.05倍故障电流×相间距离Ⅰ段阻抗定值，相间距离Ⅰ段不动作。

（10）模拟上述反方向故障，故障相或相间电流滞后故障相或相间电压一定角度，在正方向灵敏角的基础上加180°，距离保护不动作。

（11）按照同样的方法分别校验距离Ⅱ、Ⅲ段保护。

（12）注意以下事项：

1）加故障量的时间应大于相应保护段定值时间。

2）距离Ⅲ段保护动作时，保护三跳不重合（根据保护定值要求决定）。

3) 另外，在做反方向三相对称故障时，如果故障时三相电压均小于 8V，距离Ⅲ段保护可能会动作。

6. 零序保护校验

此项试验的目的是校验零序保护的定值和功能。校验步骤如下：

(1) 仅投零序保护连接片，重合闸方式切换把手切在"单重方式"。

(2) 整定保护定值控制字中"零序Ⅲ段经方向"置 1、"零序Ⅲ段三跳闭重"置 1、"零Ⅱ段三跳闭重"置 0、"投重合闸"置 1。

(3) 开关处于合位，用试验仪给本装置加入 A、B、C 三相额定电压，电流可不加，等待重合闸充电，直至"充电"灯亮。

(4) 模拟正方向单相接地故障，加故障相电压 30V，故障相电流等于 1.05 倍零序过电流Ⅱ段定值，故障相电流滞后故障相电压的角度为 78°（保护装置固定零序灵敏角为 78°），故障状态时间设置为本装置定值"零序过电流Ⅱ段时间"＋50ms。在故障状态后应给本装置再加入一段时间的正序额定电压，此时间大于装置重合闸整定时间，保护单跳并重合，装置面板上相应灯亮，液晶上显示"零序过电流Ⅱ段动作"，动作时间为零序过电流Ⅱ段时间（以 A 相故障为例）。

(5) 加故障相电压 30V，故障相电流等于 0.95 倍零序过电流Ⅱ段定值，零序过电流Ⅱ段不动作。

(6) 按上述方法校验零序过电流Ⅲ段定值，注意加故障量的时间应大于"零序过电流Ⅲ段时间"定值，但不要超过 150ms。零序过电流Ⅲ段动作时，保护三跳不重合。

(7) 对于 RCS－931B 装置，零序保护设置了速跳的零序Ⅰ段方向过电流和三个带延时段的零序方向过电流保护。Ⅰ、Ⅱ段零序过电流保护受零序正方向元件控制，Ⅲ、Ⅳ段零序过电流保护则由用户选择经或不经方向元件控制，每段保护可分别通过控制字投退。

另外，当"零Ⅱ段三跳闭重"置 0、"零Ⅲ段三跳闭重"置 0 时，零序Ⅰ、Ⅱ、Ⅲ段动作时选相跳闸并重合，零序Ⅳ段动作三跳不重合。

(8) 模拟反方向故障，在故障相电流滞后故障相电压 78°的基础上再加 180°，零序保护不动作。

7. 工频变化量距离保护校验

此项试验的目的是校验该项保护的定值和功能。校验步骤如下：

(1) 仅投距离保护连接片，重合闸方式切换把手切在"单重方式"。

(2) 整定保护定值控制字中"工频变化量阻抗"置 1、"投重合闸"置 1。

(3) 开关处于合位，用试验仪给本装置加入 A、B、C 三相额定电压，电流可不加，等待重合闸充电，直至"充电"灯亮。

（4）模拟正方向单相接地故障，故障相电压＝（1＋零序补偿系数 K）×故障电流×工频变化量阻抗＋（1－1.05m）U_N，但必须保证所加的故障相电压数值小于 7.7 倍故障电流值。故障相电流滞后故障相电压的角度为本装置定值中的正序灵敏角，故障状态时间设置为 50ms。当 m 取 1.1 时，保护单跳并重合，装置面板上相应灯亮，液晶上显示"工频变化量阻抗动作"。当 m 取 0.9 时，保护可靠不动作。

（5）模拟正方向相间故障，加适当故障相间电流，故障相间电压＝2×故障相间电流×工频变化量阻抗定值＋$\sqrt{3}U_N$（1－1.05m），同样要保证相间电压数值小于 7.7 倍故障相间电流。故障相间电流滞后故障相间电压的角度为本装置定值中的正序灵敏角，故障状态时间设置为 50ms。当 m 取 1.1 时，保护三跳不重合，装置面板上 3 个跳闸灯亮，液晶上显示"工频变化量阻抗动作"。当 m 取 0.9 时，保护可靠不动作。

8. 永久性故障校验

永久性故障校验步骤如下：

（1）投入主保护连接片、距离保护连接片、零序保护连接片，重合闸方式切换把手切在"单重方式"。

（2）整定保护定值控制字中"工频变化量阻抗"置 1、"投纵联变化量"置 1、"投纵联零序保护"置 1、"投Ⅰ段接地距离"置 1、"投重合闸"置 1。

（3）模拟单相永久性接地故障。（设置 4 个状态序列）

参照单相接地故障的试验方法，在保护重合闸后，200ms 内立即再加一次故障，此故障按距离Ⅱ段保护动作设置，故障时间设置为 100ms，故障相电流若大于"零序加速定值"，液晶上除显示保护动作和重合闸动作报告以外，还显示距离加速和零序加速报告。

9. 传动开关校验

此项试验的目的是校验保护出口后是否能正确跳、合开关。校验步骤如下：

（1）试验前将连接片定值中的内部连接片控制字"投闭重三跳连接片"置 0，其他内部保护连接片投退控制字均置 1，以保证内部连接片有效。

（2）如果高频通道采用闭锁式，则将收发信机置通道负载位置；如果高频保护采用允许式，则将通道自环，注意定值中相应控制字整定与通道方式一致。

（3）将屏中主保护连接片、零序保护连接片、距离保护连接片投入，闭重三跳连接片退出，并将相应保护出口跳、合闸连接片投入。

（4）对双跳闸线圈开关，如果本屏中保护的两组出口跳闸触点分别接入操作箱的两组分相跳闸回路，则需分别进行试验。

1）开关处于合位，用试验仪给本装置加入 A、B、C 三相额定电压，电流可不加，装置充电直到"充电"灯亮。

2) 模拟 A 相正方向故障，开关 A 相应能单跳、单重，保护、操作箱的相应信号灯亮。

3) 复归信号灯后分别模拟 B、C 相正方向故障，B、C 相开关应能分别单跳、单重，保护、操作箱的相应信号灯亮。

10. 手动传动开关校验

此项试验的目的是校验手跳、手合及其他三跳回路是否能正确跳、合开关。

（1）通过主控室的开关操作把手进行手合、手跳开关操作，三相开关应能正确分、合闸。

（2）将开关处于合闸位置，分别将 4D88、4D90 与正电 4D1 短接，4D93、4D95 与正电 4D5 短接，进行 TJQ、TJR 三跳试验，三相开关应能正确跳闸，操作箱的相应信号灯应分别亮。

（3）如果本屏中保护的出口跳闸触点仅接入操作箱的第一组分相跳闸回路，则还需将开关处于合闸位置，将 4D6 分别与 4D121、4D123、4D125 短接，开关的 A、B、C 相应能分别跳开，操作箱中的第二组跳闸回路信号灯应分别亮。

（4）模拟开关压力降低，相应的压力回路触点应能动作。

5.4 相关二次回路验收

1. 断路器、操作箱及二次回路检查

新建及重大设备改造需利用操作箱对断路器进行下列传动试验：

（1）断路器就地分闸、合闸传动。

（2）断路器远方分闸、合闸传动。

（3）断路器就地合闸闭锁试验。任意合上断路器两侧的母线隔离开关或出线隔离开关，应可靠闭锁断路器就地合闸。

（4）防止断路器跳跃回路传动。应检查操作箱防跳和机构防跳回路，目前按照规范一般采用机构防跳。

（5）断路器同期手合回路。

（6）检查断路器操作油压或空气压力继电器、SF_6 密度继电器及弹簧压力等触点。检查各级压力继电器触点输出是否正确。检查压力低闭锁合闸、闭锁重合闸、闭锁跳闸等功能是否正确。

（7）检查断路器辅助触点，以及远方、就地方式功能。

（8）对操作箱的防止断路器跳跃回路验收检验时应检验串联接入跳合闸回路的自保持线圈，其动作电流不应大于额定跳合闸电流的 50%，线圈压降应小于额定值的 5%。

(9) 所有断路器的信号检查，包括气体压力、液体压力、弹簧未储能、电动机运转、就地操作电源消失等开关本体硬触点信号，要求后台信号正确，且遥信定义正确。

(10) 对操作箱中的出口继电器进行验收检验时，应进行动作电压范围的检验，其值应在 55%~70% 额定电压之间。对于其他逻辑回路的继电器，应满足80% 额定电压下可靠动作。

2. 隔离开关二次回路及电压切换回路检查

(1) 隔离开关位置触点检查。实际模拟隔离开关合上、拉开，检查位置开入正确，现场一般采用短接隔离开关位置的方法来实现。

(2) 隔离开关电气防误闭锁回路检查。按图纸对隔离开关电气防误闭锁回路进行检验，满足闭锁要求。

3. 关联的母差联切回路检查

退出 220kV 母线保护屏上跳运行间隔的所有连接片，并用绝缘胶布将连接片封住，确保跳闸连接片在工作中不被误投入。在 220kV 母差保护的本线路间隔实际加电流，分别模拟 220kV 母差保护的 I 母差动动作、II 母差动动作，检验 220kV 母差保护跳本线路断路器回路正确。

对于母差保护动作停信二次回路中的线路保护，应检验：闭锁式保护，母差保护动作停信；允许式保护，母差保护动作发信；光纤电流差动保护，母差保护动作发远跳命令。母差保护动作跳闸时应同时闭锁线路重合闸。

4. 关联的旁路代路回路检查

纵联通道切换（本线、旁路、停用）回路检查，检验纵联通道发信、收信、停信回路及装置电源、信号切换回路正确。将纵联通道切换到旁路保护，试验正确。检查转换开关及回路接线正确，转换开关名称标识清楚、正确。

5. 关联的备自投二次回路检查

验收检验时，检验接入备自投的开入量回路正确，主要有断路器分/合位、合后位置，手跳开关、母差保护、安稳跳闸等闭锁备自投回路。

检验备自投跳线路开关回路正确，备自投动作时应同时闭锁线路重合闸。连接片及回路接线试验正确，连接片名称标识清楚、正确。

6. 关联的安稳、低频低压减载二次回路检查

检验接入安稳的开入量回路正确。检验安稳跳闸回路正确，安稳动作时应同时闭锁线路重合闸。连接片及回路接线试验正确，连接片名称标识清楚、正确。

7. 关联的其他闭锁重合闸回路检查

闭锁重合闸回路试验。检验手分、手合等闭锁开关重合闸回路正确。

5.5 光纤通道验收

光纤通道连接如图5-5所示。

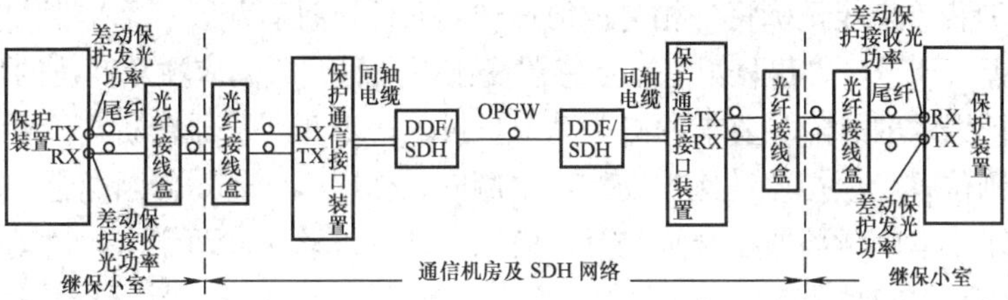

图5-5 光纤通道连接

1. 光纤通道测试

（1）测试内容及要求。测试保护装置的发光功率以及接收光功率。保护装置的发光功率在厂家的给定范围内，尾纤及接头的损耗满足要求。传输线路纵联保护信息的数字式通道传输时间应不大于12ms。光纤电流差动保护的复用光纤通道不得采用自愈环。

（2）测试方法。测试时两侧保护正常运行，光纤通道连接正常，分别用光功率计测量保护装置发信端（TX）尾纤的光功率——保护装置的发光功率和保护装置收信端（RX）尾纤的光功率——保护装置的接收光功率。一般情况下，可在保护装置面板上查看光纤电流差动保护通道的时延，注意与通信测试结果进行比对，确认装置及尾纤是否正常，如图5-6所示。

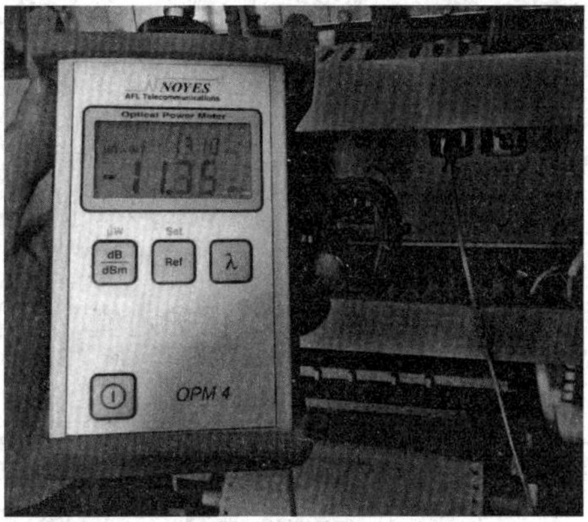

图5-6 光纤通道功率测试

2. 通道联调

通道联调应重点防止通道同步检验时由通道环回、通道回路异常，导致的长收信或长发信以及通道命令接线的错误，通过模拟区外正方向故障进行检查，验证区内故障时能否正确动作。

通道联调前与对侧取得联系，了解对侧现场情况，防止误伤对侧人员。

3. 光纤电流差动联调

（1）通道运行数据检查。通道测试完毕后，恢复保护通道，并将通道数据清零，观察3min，报文异常、通道失步、通道误码均不增加为正常。装置显示通道延时与通道测试延时一致。

（2）通道接线核对。逐一断开两侧的光纤收发接头，装置应正确告警，且通道对应正确；分别投退两侧通道连接片，装置应正确告警，且通道对应正确。

（3）对侧电流及差流检查。在本侧加入三相电流，在对侧查看三相电流及差动电流。保护装置应能正确将各相电流值传送到对侧，且对侧装置采样值与本侧通入测量值误差小于5%。若两侧电流互感器变比不同时，联调应注意变比的折算。

（4）模拟区内故障。要求两侧差动保护投入，对侧断路器在断开位置，本侧断路器在合闸位置，模拟差动保护动作，本侧应动作出口。若对侧断路器在合闸位置且TV断线，本侧断路器在合闸位置，模拟差动保护动作，两侧应同时动作出口。

电流差动保护联调前与对侧取得联系，了解对侧现场情况，防止误伤对侧人员。

4. 远跳（母差停信）联调

对于光纤差动保护，模拟母差保护跳闸，本侧保护装置发送远方跳闸信号，对侧保护在收到远跳信号后保护逻辑正确。

对于采用光电转换装置将保护的触点命令转换成光纤信号传输的通道方式以及载波通道方式，模拟母差保护跳闸，应允许对侧保护跳闸。

5.6　设备投产前保护定值执行

投产前保护作为新设备，保护定值必须重新按照定值管理部门下发的定值单执行，以RCS-931BM_V3.60保护装置为例。

5.6.1　定值内容

定值包括装置参数、保护定值、连接片定值等。

（1）装置参数如图5-7所示。

装置参数					
序号	定值名称	数值	序号	定值名称	数值
01	保护定值区号	01	07	系统频率	50Hz
02	保护装置地址	00087	08	电压一次额定值	220.00kV
03	串口1波特率	19200	09	电压二次额定值	057.74V
04	串口2波特率	09600	10	电流一次额定值	02400A
05	打印波特率	04800	11	电流二次额定值	1A
06	调试波特率	04800	12	厂站名称	南继保
01	网络打印方式	0	04	分脉冲对时	0
02	自动打印	0	05	远方修改定值	0
03	规约类型	0	06	103规约有INF	1

图5-7　装置参数

（2）保护定值如图5-8所示。

（3）连接片定值如图5-9所示。连接片定值指装置设有软连接片功能，连接片可通过定值投退。

保护定值						
序号	定 值 名 称	:	数值	序号	定 值 名 称	:	数值
01	电流变化量启动值	:	000.10A	25	接地距离偏移角	:	00.00°
02	零序启动电流	:	000.10A	26	相间距离偏移角	:	00.00°
03	工频变化量阻抗	:	000.50Ω	27	零序过电流Ⅰ段定值	:	020.00A
04	TA 变比系数	:	1.00	28	零序过电流Ⅱ段定值	:	001.30A
05	差动电流高定值	:	000.25A	29	零序过电流Ⅱ段时间	:	000.70s
01	工频变化量阻抗	:	0	22	零序Ⅳ段经方向	:	1
02	投纵联差动保护	:	1	23	零序Ⅳ跳闸后加速	:	1
03	TA 断线闭锁差动	:	0	24	投三相跳闸方式	:	0
04	内部时钟	:	1	25	投重合闸	:	1
05	远跳受本侧控制	:	1	26	投检同期方式	:	0

图 5 - 8　保护定值

连接片定值						
序号	定 值 名 称	:	数值	序号	定 值 名 称	:	数值
01	投主保护连接片	:	1	03	投零序保护连接片	:	1
02	投距离保护连接片	:	1	04	投闭重三跳连接片	:	0

图 5 - 9　连接片定值

5.6.2　定值整定

RCS-931BM 保护装置提供了一整套完整的定值管理界面，利用这些人机接口界面，用户可以很方便地实现定值输入、修改、显示、打印、复制等操作。在主画面状态下，按"▲"键可进入主菜单，通过"▲""▼""确认"和"取消"键选择子菜单。定值菜单如图 5-10 所示。

1. 显示定值

RCS-931BM 保护装置可以在液晶显示器上显示保存的整定值，操作步骤如下：

(1) 进入主菜单。

(2) 在主菜单中选择"4. 整定定值"命令，按"确定"键进入定值操作对话框。

(3) 在定值操作对话框中选择"1. 装置参数、2. 保护定值、3. 连接片定值"命令，按"确认"键进入下级操作对话框。

(4) 用"▲""▼"来滚动查看定值。

(5) 按"取消"键逐级退回上一级菜单。

2. 整定定值

整定定值即输入、修改整定值。可以方便地输入整定值并将其固化到保护模

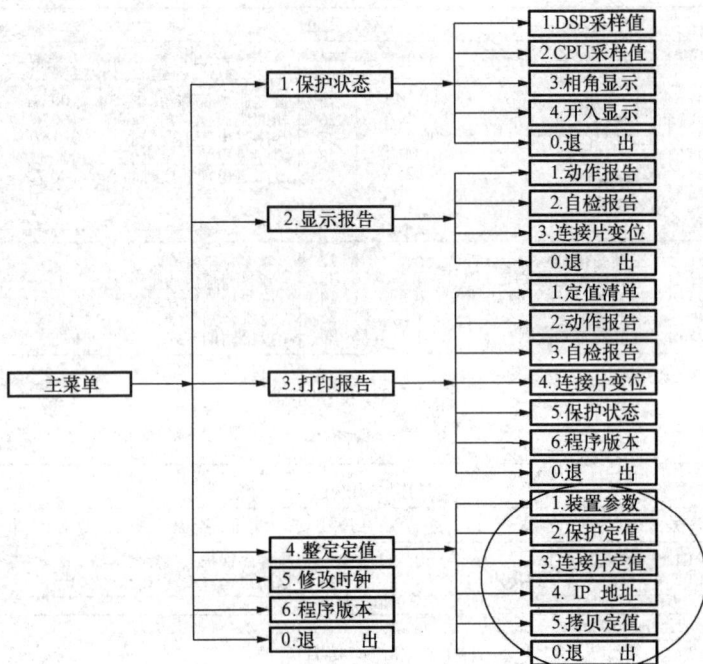

图 5-10　定值菜单

件的某个指定的定值区中，也可以将保存在保护模件某个定值区的定值读出来并加以修改然后重新固化，操作步骤如下：

（1）进入主菜单。

（2）在主菜单中选择"4. 整定定值"命令，按"确定"键进入定值操作对话框。

（3）在定值操作对话框中选择"1. 装置参数、2. 保护定值、3. 连接片定值"命令，按"确认"键进入下级操作对话框。

（4）按"▲""▼"键滚动选择要修改的定值，按"◀""▶"键将光标移到要修改的那一位，按"＋"和"－"修改数据，按"取消"键为不修改返回，按"确定"键液晶显示屏提示输入确认密码，按次序键入"＋""◀""▲""－"。每按一次按钮，液晶显示由"."变成"＊"，当显示四个"＊"时，方可按确认，完成定值整定后返回主界面。

（5）若整定出错，液晶会显示错误信息，需重新整定。另外"系统频率""电流二次额定值"重新整定后，保护定值必须重新整定，否则装置认为在该区的定值无效。

3. 打印定值

RCS‐931BM 保护装置可以以表格的形式打印出保护装置保存的整定值，操作步骤如下：

（1）进入主菜单。

（2）在主菜单中选择"3. 打印报告"命令，按"确认"键进入打印操作对话框。

（3）在打印操作对话框中选择"1. 定值清单"命令，按"确定"键进入打印操作对话框。

（4）打印完毕后必须经过两人核对检查。

（5）检查无误后进行记录并存档，将执行完毕的定值情况返回管理部门。

5.7 设备投产前检查及投产

1. 设备投产前检查

（1）现场验收工作结束后，工作负责人应检查试验记录有无漏试项目，核对装置的整定值是否与定值通知单相符，试验数据、试验结论是否完整正确。

（2）盖好所有装置及辅助设备的盖子，对必要的元件采取防尘措施。

（3）拆除在检验时使用的试验设备、仪表及一切连接线，清扫现场，所有被拆动的或临时接入的连接线应全部恢复正常。

（4）恢复二次安全措施。

（5）所有信号装置应全部复归。

（6）清除试验过程中微机装置及故障录波器产生的故障报告、告警记录等报告。

（7）检查所有 TA 连接片是否连接好。

2. 设备投产

（1）测量电压、电流的幅值及相位关系。根据线路潮流方向和测试数据检验线路保护、母差保护、安全稳定装置、备自投、录波器、测控装置、计量回路的 TA 二次接线极性及变比的正确性。对新接的电压互感器二次回路，进行对相检查及测试电压，检查电压回路的正确性。检查同期电压幅值、同期角度的正确性。

（2）查看保护装置电压、电流采样幅值和相角，打印保护装置采样录波图，检查保护装置电压、电流采样回路极性，变比是否正确。

（3）检查光纤电流差动保护的差流值，差流值应满足厂家技术要求。

（4）带负荷测试时，电流、电压相位及相位差正确，带负荷测试并绘制六角图进行分析。

（5）新设备启动试运行期间，做好保护装置状态监视，发生故障时及时分析保护动作行为，验证各项性能是否正常。

本章思考题

1. 如何检查交流电流/电压回路？
2. 如何校验工频变化量距离保护？
3. 写出手动传动开关校验步骤。
4. 写出传动开关校验的步骤。
5. 如何检查隔离开关二次回路及电压切换回路？
6. 如何测试光纤通道？
7. 如何调试光纤差动保护？
8. 如何打印和修改保护定值？
9. 写出带负荷测试的方法。
10. 参考本章方法调试主变压器保护和母差保护。

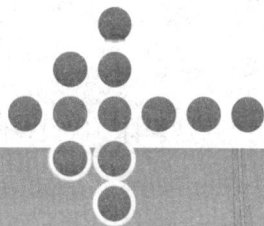

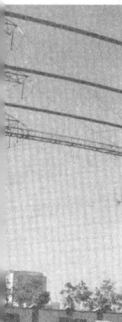

6

继电保护现场缺陷分析与处理

6.1 概 述

随着微机保护的日趋成熟和电网建设的快速发展，由继电保护缺陷造成装置误动或拒动，已成为影响继电保护正确动作率的主要原因。在电网系统中，保护逻辑设计不完善、二次回路设计不合理、参数配合不当、元器件质量差、设备老化、二次标识不正确、未执行反事故措施等，均会导致运行的继电保护设备存在一定的缺陷，轻则影响设备运行，重则危及电网的安全稳定。因此，必须高度重视继电保护缺陷，持续地开展继电保护缺陷管理工作，制定有效的防范措施。

继电保护现场缺陷包括设备缺陷及二次回路缺陷。其中设备缺陷包括继保设备缺陷、安全稳定装置和备用电源自动投入设备缺陷、综合自动化设备缺陷、电源设备缺陷等。二次回路缺陷包括控制回路缺陷、TA 回路缺陷、TV 回路缺陷和直流回路缺陷等。继电保护缺陷发现途径有两种：①设备停电检修发现；②值班、巡视人员发现。对于在设备停电检修过程中发现的缺陷，由于有预留的时间和人力，能及时采取安全措施，对一次停电设备不会构成影响；对于值班、巡视人员发现的缺陷，因为此时设备处于运行状态，当有告警或其他异常情况出现时，这些缺陷必须快速消除，否则会造成较大的事故，甚至会影响系统的运行，这就要求缺陷处理人员有较强的缺陷分析与处理的能力。因此，当继电保护设备在运行中发生缺陷时，为了防止保护误动或拒动，必须尽快消除缺陷。如果短时间不能消除，在保证电力系统稳定运行和电气设备安全运行的前提下，需要决定是否将一次设备停运。

6.2 缺陷分析与基本处理方法

如何快速有效地消除缺陷，恢复继电保护设备的正常运行，从而保证电网的安全稳定运行，是每个继电保护工作者所要解决的问题。以下就变电站常见的几种继电保护缺陷处理方法进行介绍。

6.2.1 控制回路缺陷

控制回路缺陷主要发生在断路器的操作回路，其二次接线主要由控制把手、指示灯、操作箱、断路器机构的跳合闸线圈、辅助触点及相关闭锁回路组成，涉及的元件和地点较多，发生缺陷时不易查找缺陷点。下面就断路器控制回路缺陷发生的原因及其抗干扰措施进行分析。

导致断路器控制回路缺陷的主要原因：

（1）操作回路原理设计或接线存在问题，在设备传动时却未发现。

（2）把手操作失灵，指示灯坏。

（3）闭锁回路触点异常。

（4）断路器主触头与二次辅助触点不配合。

（5）断路器操动机构存在问题。

（6）备自投装置或重合闸相关回路存在问题。

要消除断路器控制回路的缺陷，首先必须掌握断路器控制回路的原理，其次要了解断路器分合闸时保护或测控装置内指示灯的对应关系，并结合断路器分合闸回路电位进行综合分析判断、处理。

6.2.2 TA 回路缺陷

1. TA 回路的缺陷

TA 回路的缺陷主要有 TA 回路开路、输出电流偏差大等。TA 回路开路会在开路处产生高电压，危及设备和人身安全，是最危险的缺陷。

2. TA 回路缺陷形成原因

（1）造成 TA 回路开路的主要原因如下：

1）设备质量问题，包括 TA 本身的质量问题和 TA 端子排的质量问题，由于运行时间长，设备老化将导致缺陷出现。

2）人为问题，保护校验后，由于未恢复 TA 回路连接片而引起的缺陷，这种情况正随着继电保护措施票制度的标准化和严格化执行而减少。

（2）造成 TA 输出电流偏差大的主要原因如下：

1）TA 本身输出存在问题。

2）TA 回路多点接地，产生分流现象。

3）装置本身采样回路存在问题。

3. TA 回路缺陷发现一般方法

（1）设备巡视时，发现 TA 端子排处有明显的过热或烧灼痕迹，有时还有小火花出现，可以断定是 TA 回路开路。

（2）设备运行时，频繁或持续发出 TA 断线或差流越限等告警信号，很可能是 TA 回路异常。

4. TA 回路缺陷处理注意事项

处理 TA 回路缺陷时，必须做好安全措施，保证人身和设备安全。为了保证设备安全运行，在短接或断开 TA 回路前，必须退出与其有关的保护，在 TA 回路未恢复正常时，禁止投入这些保护。

5. TA 回路缺陷处理方法

（1）TA 回路开路。对由于 TA 端子排质量问题引起的开路，如果能够在短时间内恢复，工作人员可申请将本间隔保护短时退出运行。如果不能在短时间内恢复，工作人员应申请将本间隔断路器停运。在更换端子排过程中，应首先在远离开路处的 TA 端子箱封好 TA 源端侧，然后测量 TA 回路电流，在确保 TA 源端侧有电流、负荷侧无电流的情况下，断开 TA 连接片，更换开路处的 TA 端子。如果端子上的连线也有过热迹象，应一同更换。对由于 TA 本身质量问题引起的开路，必须在一次设备停运后进行处理。

（2）TA 输出电流偏差大。这往往是由于一相 TA 本体或 TA 二次回路出现问题引起的，可以采用测量三相电流是否平衡的方法在 TA 回路中分段查找。首先在 TA 端子箱封好该 TA 回路，然后测量 TA 源端侧三相电流是否平衡。如果不平衡，说明 TA 本身输出有问题，需要停电处理；如果三相平衡，说明从端子箱到保护屏及所串联的回路有问题。可按此方法继续分段查找、缩小范围，最终确定问题所在并进行处理。

6. TA 回路缺陷的预防

（1）保证 TA 质量。近年来，由于 TA 质量问题造成的缺陷时有发生，造成设备被迫停运或保护退出运行，严重影响供电可靠性。这就要求制造厂家不断改进技术和工艺，防止同样的缺陷一再发生。

（2）保证 TA 端子质量。首先，要求组屏厂家使用质量过关的产品；其次，现场人员在测量 TA 回路电阻时，还应检查 TA 本身连接片接触是否良好。

（3）提高定期校验的质量。定期校验时，要全面检查 TA 回路中的电阻和绝缘状况。

（4）加强设备的维护和检查。由于并非所有 TA 异常都有告警信号，所以有时 TA 回路的异常情况很难发现。因此，应制定维护检查制度，定期巡视设备。

(5) 严格执行继电保护措施票制度，防止人为事故的发生。

(6) 电流互感器的二次回路应保证一点接地。

6.2.3 TV 回路缺陷

1. TV 回路的缺陷

TV 回路的缺陷主要有 TV 回路断线、中性线（N600）多点接地等。发生 TV 回路断线对继电保护装置来说，将会使部分需要电压量参与计算的保护退出运行；对相关设备来说，会失去交流电压。例如，如果母线 TV 发生断线，需要引入母线 TV 量的所有线路（电源线或负载线）的保护、计量、远动、仪表等都将失去母线电压。

2. TV 回路缺陷形成原因

(1) 10kV 开关柜出厂时 TV 二次中性线回路接地点已和柜体外壳连接，在安装时开关柜与接地网连接已有一点接地，又在控制室接地将造成多点接地隐性缺陷。

(2) 在对变电站的改造中，由于图纸错误、人为疏忽等原因，误将 TV 二次中性线接地点改接在其他回路上，造成多点接地隐性缺陷。

(3) 电压互感器二次绕组施工时，由于施工人员技术水平低，造成中性点多点接地隐性缺陷。

(4) 由于设备长期运行，线路 TYD 的中性线 N600 击穿保险导通，造成 TV 二次中性线多点接地隐性缺陷。

(5) 保护安装时，对于一套保护，两个屏的 TV 二次中性线接地不同。主控室内控制屏和保护屏分别接地，造成多点接地隐性缺陷。

(6) 由于设备长期运行，TV 二次中性线绝缘损坏，造成多点接地隐性缺陷。

(7) 在调试新扩建设备或保护调试定检时，由于使用试验设备不当，形成多点接地隐性缺陷。

(8) TV 回路接入的端子排设计不合理，接地线不合理，端子排固定螺钉与端子排不匹配造成断线等。

3. TV 回路缺陷处理方法

TV 回路缺陷的处理，应先从回路的薄弱环节考虑，如熔断器、过负荷开关及隔离开关辅助触点等，具体可按下列顺序逐一排查：

(1) 首先检查熔断器是否熔断或过负荷开关是否掉闸，判断 TV 回路是否有短路发生。在查明原因并消除短路或接地点后，更换熔断器或合上过负荷开关即可。

（2）检查 TV 二次熔断器接触是否良好。当发现熔断器底座卡弹压力不够造成 TV 二次熔断器接触不良时，应立即通知相关专业人员配合处理。

（3）检查 TV 隔离开关辅助触点接触是否良好。当一、二次隔离开关机械转换不好时会造成 TV 隔离开关辅助触点接触不良。设备运行时，可采取临时措施以保证触点接触良好；设备检修时，应做好触点的转换调整和检查。

（4）如果以上三项检查均正常，再检查 TV 二次引出电缆处电压是否正常。如果该处电压不正常，可在做好各种安全措施后，拉开 TV 隔离开关，检查 TV 一次熔断器。如果该电压也正常，则按照图纸检查线路是否存在断线或接触不良的现象。

4. TV 回路缺陷的预防

（1）防止人为事故的发生。在保护改造过程中，可能牵扯到多处配线和改线工作，开工前一定要做好安全措施，对于不能停电的 TV 回路，用绝缘胶布包扎隔离，并对该处的施工人员进行技术交底。

（2）提高 TV 回路检修质量。在设备检修时，应检查隔离开关转换时所有相关的二次辅助触点是否接触良好，必要时进行调整；检查一、二次熔断器是否接触良好；检查 TV 回路的接线是否紧固。

（3）TV 的二次回路应保证一点接地。

（4）TV 二次回路和三次回路应相互独立。过去传统的接线是 TV 二次回路和三次回路的中性线公用一根电缆芯，接到 N600 小母线上，对于常规保护而言未发现不足之处，因此一直在系统内应用。随着微机保护的广泛应用，其应用自产开口三角电压 $3U_0$ 来实现接地方向保护的特点使 TV 公用中性线可能造成零序方向保护误动的危害暴露出来。由于二次和三次回路中性线共用一根电缆，使得微机保护自产 $3U_0$ 受到了三次回路 $3U_0$ 的影响，其影响主要由三次回路的负载电阻及共用电缆芯的电阻所决定。公用中性线，则可能使微机保护的自产 $3U_0$ 和三次回路 $3U_0$ 反向，从而造成接地零序方向保护正方向拒动、反方向误动的后果。

6.2.4 直流回路缺陷

1. 直流回路的缺陷

直流回路的缺陷主要有直流回路接地或短路、信号回路缺陷和操作回路缺陷等。直流回路是非接地系统，当发生一点接地后，暂时不会影响继电保护设备的正常运行，因此发生一点接地后必须尽快处理。

2. 直流回路接地缺陷的原因

（1）现场检修人员误碰或误用万用表的挡位（如用电阻挡测量对地电压），

造成直流回路接地，一般是瞬间一次或间歇多次。

（2）值班人员由于缺乏安全意识，用水冲洗设备（主要是附属外围设备），造成直流回路接地。

（3）户外端子箱或电气设备潮湿或有雨水进入而造成直流回路接地。随着反事故措施的执行，这种情况已显著减少，但并没有彻底解决。

（4）回路整体绝缘低，继电保护装置及二次回路运行时间长，或回路电缆直埋，没有电缆沟，在连续阴雨天气后，回路整体绝缘下降，造成直流回路接地。

（5）回路接线有问题而误发接地信号。如二次回路改造中，弱电与强电之间有连线，误发直流接地信号。此外，在查找直流接地时，断开直流电源可能会对保护装置和二次回路有影响，要注意做好安全措施，必要时可短时切除跳闸连接片。

3. 直流回路缺陷的预防

（1）重视保护校验中直流回路的全面检查。现场工作中，"重视装置、轻视回路"的思想依然存在，所以必须明确二次回路的重要性，全面检查直流回路的绝缘状况，从而保证直流回路处于良好的运行状态。

（2）改善设备的运行环境。对运行环境温度不符合规程的场所，应加装空调；对灰尘大的场所，应定期清扫；对安装在户外的端子箱，应采取防潮、防水、防锈等措施。

（3）做好设备改造工作。对超期服役或老化的设备要及时更新，提高设备的健康水平。在保护改造过程中，要从图纸设计、现场施工、保护调试、定值计算、回路传动、运行规程等各个环节，严把质量关。

（4）防止人为事故的发生。在设备检修和消缺过程中，一定要做好安全措施，防止检修工作影响运行中的设备。

（5）对电源系统采取抗干扰措施，目的是为了保证二次设备的可靠运行。同样，对装置的电源也可以采用以下抗干扰措施：用 UPS 设备稳定工作电源，保证供电电压波形稳定；采用隔离变压器，隔离共模干扰，防止电网噪声干扰窜入控制系统以及强雷电压对装置的损坏；输出回路应尽可能短，使用的电缆芯截面积不能过小，以减小压降。

6.2.5 保护装置缺陷

1. 保护装置的缺陷

现代微机保护装置异常主要是由元器件损坏引起的，一般伴随有光字牌或报文等的出现。

2. 保护装置缺陷的原因

（1）电源损坏。电源损坏的主要原因是电源的质量不佳或超期运行。

（2）元器件质量不良。其引起的缺陷主要有 A/D 转换故障、液晶显示失灵和跳闸位置继电器损坏等。

（3）设计不良。回路参数设计或软件设计不良，特别是厂家的软件版本控制和程序问题比较突出。出现这些情况时，应及时联系厂家，对设计进行升级处理。

（4）电磁干扰。早期微机保护装置的电磁兼容水平较低，装置的整体抗干扰能力达不到 IEC 标准的要求，造成元器件损坏次数居高不下，应加快该类保护的改造。

（5）元器件老化。主要发生在早期的微机保护装置上。运行年限较久的保护装置出现异常通常是由电源插件或 CPU 插件老化引起的。退出保护装置，更换电源插件或 CPU 插件即可恢复正常。

3. 保护装置缺陷的预防

（1）保护装置设备的外壳应屏蔽接地，装置的活动部分如柜门、机箱盖板等应与接地点可靠导通，保证有良好的电气连接。变电站的墙有需要时可安装金属网，可装防静电地板。

（2）装置设置的接地点应正确，可靠的装置接地点关系到系统运行的稳定性和可靠性。接地系统包括电气接地系统、变电站室内屏蔽和防静电接地系统、变电站防雷接地系统以及控制系统专用接地系统。其中电气接地系统用于不间断电源（UPS）和隔离变压器屏蔽层接地，以防止电网杂波窜入二次系统；屏蔽和防静电接地系统主要是站内屏蔽接地、防静电系统接地和设备机箱外壳接地；防雷接地系统用于防止自然雷击等危害；控制系统专用接地系统为装置设备专用的设施，不允许与其他任何设备相连，以免造成干扰。

6.3 缺陷分析与处理实例

6.3.1 TV 断线缺陷

1. 缺陷现象

220kV 某变电站 110kV 间隔线路保护 RCS－941A 装置"TV 断线"告警灯亮，同时装置自检报告报"TV 断线"。

2. 缺陷分析

TV 断线故障原因主要有二次回路故障、空气开关故障、电压切换回路切换不到位和 AC 插件或 VFC 插件故障等。

3. 缺陷处理前安全措施

在电压断线条件下，所有距离元件、零序方向元件、负序方向元件退出工作，自动投入两段电压断线相过电流保护。一旦电压恢复正常，各元件将自动重新投入运行，缺陷处理前，需停用距离保护和带方向的保护。

4. 处理步骤

（1）二次回路故障。

1）分析方法。查找故障时采用分段查找的方法来确定故障部位。判断外部输入的交流电压是否正常。用万用表测量保护装置交流电压空气开关上端头电压。若空气开关上端头电压不正确，则检查装置电压切换插件回路的输入电压是否正常。若输入到电压切换插件的电压不正常，则应检查电压小母线至端子排的配线是否存在断线、短路、绝缘破损、接触不良等情况。若输入到电压切换插件的电压正常，则应检查切换后电压至保护装置空气开关上端头之间的配线是否存在断线、短路、绝缘破损、接触不良等情况。检查中不得引起电压回路短路、接地。

2）处理方案。对二次配线进行紧固或更换。特别要注意更换自屏顶小母线的配线时要先拆电源侧，再拆负荷侧；恢复时先恢复负荷侧，后恢复电源侧。

（2）电压切换回路切换不到位。

1）分析方法。若二次回路正常，则可以判断为电压切换插件故障。插件的电压切换输出触点可能存在切换不到位的现象。

2）处理方案。由于电压切换插件的直流电压接至断路器的控制电源，处理时需将断路器改为冷备用，并断开控制直流空气开关。从端子排外拆开交流电压输入回路，由于回路带电，需用绝缘胶带包扎并防止方向套脱落。将电压切换插件抽出，检查电压小继电器，并进行相关测试，以确定故障点，对故障元件进行更换，或直接更换电压切换插件。

（3）空气开关故障。

1）分析方法。若空气开关上端头电压正常，则继续检查端子排内侧至保护装置交流插件的各个端子上的电压。若存在异常，则应检查空气开关下端头至端子排的配线是否存在断线、短路、绝缘破损接触不良等情况。若上述回路不存在断线、短路、绝缘破损、接触不良等情况，则可以判断为交流电压空气开关故障。

2）处理方案。更换交流电压空气开关。需注意空气开关上端头的配线带电，工作时需用绝缘胶带包扎好，防止方向套脱落。更换时不要引起屏上其他运行中的空气开关误跳闸，必要时用绝缘胶带进行隔离。更换完毕后，对二次接线再次进行检查、紧固。

（4）交流输入变换插件或VFC插件故障。

1）分析方法。若输入到保护装置交流输入变换插件的电压均正常，则可以判断为保护装置的交流输入变换插件或者 VFC 插件故障。

2）处理方案。交流输入变换插件包括交流电压及电流转换器，因此，处理时保护装置会失去作用，需将断路器改为冷备用，并断开控制直流空气开关及保护用直流空气开关。将交流输入变换插件或 VFC 插件抽出，然后进行检查，并进行相关测试以确定故障点，对故障元件进行更换，或直接更换交流输入变换插件或 VFC 插件，需要确定额定电流是 1A 还是 5A。

6.3.2 TA 回路两点接地缺陷

1. 缺陷现象

220kV 某变电站运行人员报 110kV 母差保护"TA 断线告警"光字牌亮，经手动、自动复归信号均无法消失。该站 110kV 母差保护于故障前不久更换为 RSC-915A 型保护装置。

2. 缺陷分析

询问运行人员得知，该信号是在合上 1 号主变压器中压侧断路器时出现的，于是申请退出 110kV 母差保护，110kV 母差保护装置断电后该信号消失，重新给上电源后没有再出现告警。但是再次合 1 号主变压器中压侧断路器时，110kV 母差保护装置"TA 断线告警"光字牌又亮，且一样无法复归，查看 110kV 母差保护装置差流见表 6-1。

表 6-1　　　　　　　　　110kV 母差保护装置差流

相别	A	B	C
大差电流（A）	0.12	0.08	0.03
Ⅰ 母差电流（A）	0.1	0.08	0.05
Ⅱ 母差流（A）	0.03	0.02	0.05

打印自检报告显示"母联 TA 不平衡断线"及"TA 断线"，打印各支路电流，运行中各支路电流均无异常，但是未运行支路中电流存在的电流值见表 6-2。

表 6-2　　　　　　　　　未运行支路中电流存在的电流值

相别	A	B	C
电流（A）	0.01	0.01	0.22

用钳型相位表在 110kV 母差保护屏测得的母联电流 TA 回路电流值见表 6-3。

表 6-3　　　　　　　110kV 母差保护屏母联电流 TA 回路测量电流值

相别	A	B	C	N
电流（mA）	2	1	95	2

用钳型相位表在 110kV 母联开关端子箱测得母联电流 TA 回路用于母差保护的电流值见表 6-4。

表 6-4　　　　　110kV 母联开关端子箱母联电流 TA 回路测量电流值

相别	A	B	C	N
电流（mA）	2	1	124	2

110kV 母差保护 TA 断线电流定值见表 6-5。

表 6-5　　　　　　　　110kV 母差保护 TA 断线电流定值

TA 断线电流定值：0.60A	TA 异常报警电流定值：0.40A

从母差保护装置母联电流来看，C 相电流明显偏大，且接近 TA 异常报警电流定值，因此有以下两个疑点：

（1）正常情况下，未运行设备的电流应该在几个毫安范围内，而从装置来看，母联 C 相电流已经达到两百多毫安。

（2）母联 C 相电流还未达到 TA 异常报警电流定值，而在合 1 号主变压器中压侧断路器时，110kV 母差保护却发"TA 断线告警"信号，显然母联 C 相电流在合 1 号主变压器中压侧断路器的瞬间可能有所增大。

基于这两个疑点，分析产生这种情况的最有可能的原因应该是母联 C 相电流回路存在两点接地。

3. 缺陷处理前安全措施

电流回路存在两点接地的情况下可以引起 110kV 母差保护误动，申请将 110kV 母差保护退出，并对二次电流回路进行检查。

4. 缺陷处理

分析产生这种情况最有可能的原因是母联 C 相电流回路存在两点接地，大地中的残流流入母联 C 相电流回路中。将母联开关转为检修状态，合上母联电流互感器两侧接地开关，在 110kV 母差保护屏解开电流总地线，在 110kV 母联开关端子箱将母差组电流连接片打开，对 110kV 母差保护屏至 110kV 母联开关端子箱电流电缆摇测绝缘，用 1000V 绝缘电阻表测得各相电阻都大于 20MΩ，再对 110kV 母联开关端子箱至 110kV 母联开关 TA 电缆摇测绝缘，用 1000V 绝缘电阻表测得 A 相和 B 相都大于 20MΩ，而 C 相为 0，显然 C 相存在接地点。由于110kV母联开关TA于故障前不久刚刚更换完,因此TA绕组内部出现接地的可能性不大,最大的可能就是接进TA二次出线盒的电缆芯绝缘在施工时遭到破坏。打开110kV母联开关C相TA的二次出线盒,发现TA二次出线盒盖子上的螺钉将母差电缆芯割破了,电缆受损如图6-1所示。

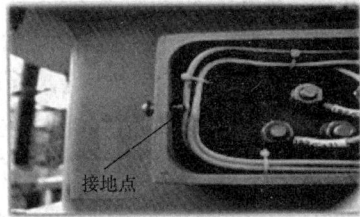

接地点

图6-1 电缆受损

根据电缆的损伤情况,用绝缘胶布将损坏部位包好,并将电缆调整至远离螺钉的部位,处理完后用钳型相位表测110kV母联电流值见表6-6。

表6-6 缺陷处理完后用钳型相位表测110kV母联电流值

相别	A	B	C	N
电流(mA)	1.5	1.3	1.3	0

投入110kV母差保护,110kV母差保护装置未发"TA断线告警"信号,大差电流、Ⅰ母差流、Ⅱ母差流各相电流均在允许范围内变化。

6.3.3 控制回路断线缺陷

1. 缺陷现象

某110kV线路测控装置报控制回路断线告警,监控后台"控制回路断线"光字牌常亮并发报文,开关红绿指示灯不亮。

2. 缺陷分析

"控制回路断线"告警信号是由线路间隔操作箱内合位继电器动断触点与跳位继电器动断触点串联而成的一个位置信号,反映开关在运行位置(合位)时,不能实现分闸功能,在线路故障时不能正确动作于开关,将可能扩大停电范围。开关在分闸状态时,不能实现合闸功能。

故障原因主要有:①操作箱插件坏;②二次回路故障;③开关机构箱内元件损坏。

3. 缺陷处理前安全措施

停用断路器,改为冷备用状态,不能时则改为非自动状态;若能确认控制回路正常,仅为信号回路异常,则可以不改变一次设备的状态。

4. 缺陷处理

(1)操作箱插件坏。

1)分析方法。用万用表直流电压挡测量保护屏外侧端子跳闸回路以及合闸回路对地电压。正常情况下,开关分位时合闸回路为-55V、跳闸回路为

+55V，开关合位时分闸回路为-55V、合闸回路为+55V（直流110V）左右。再检查控制回路断线输出信号节点的动作情况，若控制回路正常、信号回路异常，则判断操作箱插件故障，着重检查合位继电器、跳位继电器插件，核对图纸与实物，检查线圈阻值和接点通断，判断故障点位置。

2）处理方案。发现损坏时可以更换单个继电器或整板。更换单个继电器时，应注意焊接牢固、接触可靠。注意：插拔插件时应先断开装置电源，使用电烙铁时应可靠接地。

（2）二次回路故障。

1）分析方法。检查相关回路的二次电压，若电缆两端电压不一致，则判断二次回路故障，考虑到保护装置至开关电缆距离较长，因此应检查电缆对地绝缘和线间绝缘，如不合格应更换。

2）处理方案。更换二次电缆前需将断路器改为冷备用状态，更换完毕需对全部相关回路进行传动试验。

（3）开关机构箱内元器件损坏。

1）分析方法。检查操作屏至断路器机构箱内控制回路电压，若操作屏内和断路器机构箱内电压都正常，则判断开关机构元器件损坏，存在以下几种可能：

a. 断路器分、合闸线圈烧坏或断线。

b. 断路器辅助触点接触不良。

c. 断路器本体异常闭锁分、合闸。

d. 远方/就地切换开关故障。

2）处理方案。将断路器改为冷备用状态。针对上述4种情况进行检查，确认故障部位后进行相应的处理，恢复后需对开关进行遥控及就地分、合闸试验。

开关就地合闸控制回路及试验如图6-2所示。

6.3.4 直流接地缺陷

1. 缺陷现象

直流接地选线装置报警，并显示某路的接地电阻，监控系统报直流绝缘下降信号。

2. 缺陷分析

直流接地一般由以下几种情况引起：

（1）绝缘老化、破损。如电缆、绝缘座、端子排等老化、破损，导致绝缘能力降低。

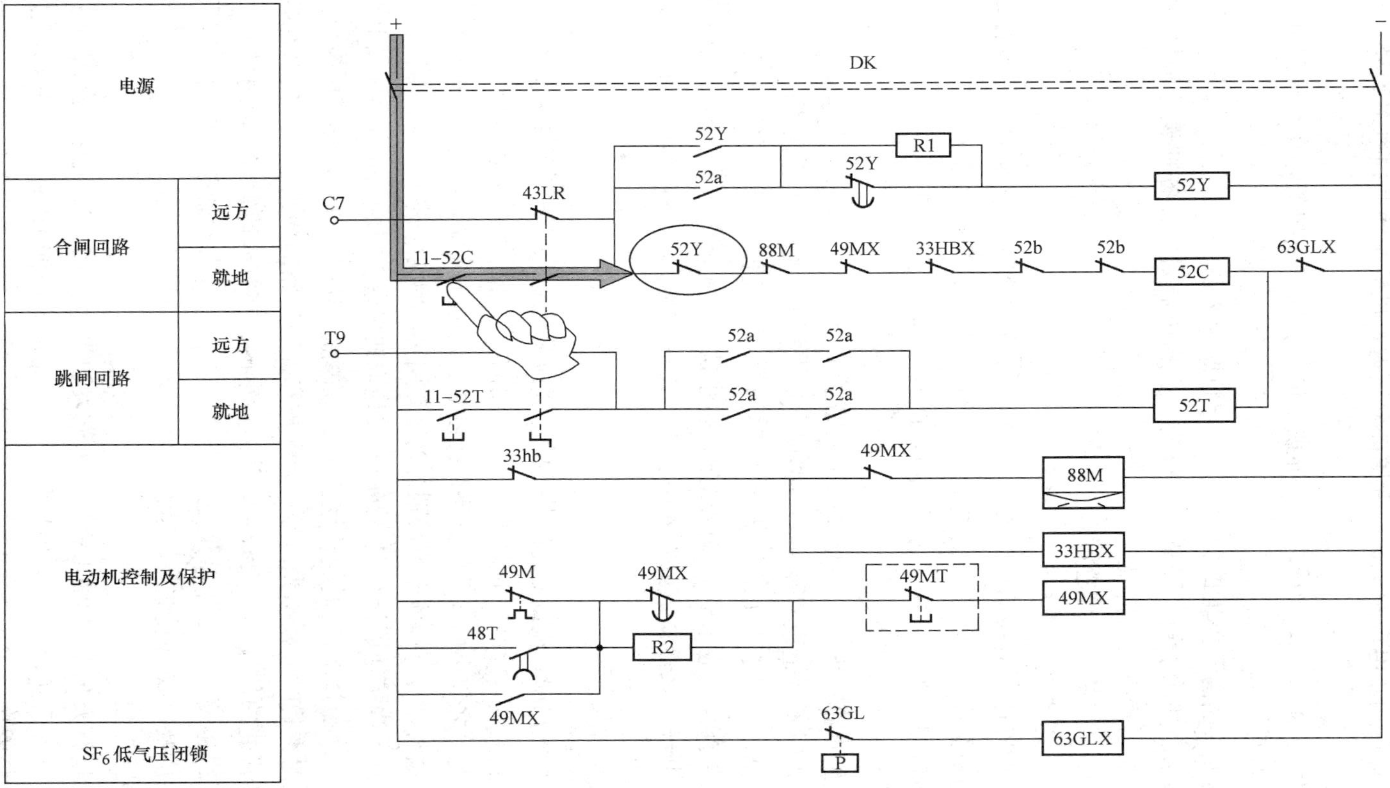

图 6 - 2 开关就地合闸控制回路及试验

（2）机械振动。电缆距机械的金属部分较近，机械振动磨损电缆绝缘，导致直流接地。

（3）积灰、潮湿。如接线端子、屏顶小母线、插件板积灰，在空气湿度较大的情况下，导致绝缘下降。

（4）锈蚀。隔离开关辅助触点受潮，导致腐蚀生锈。

（5）渗水。如端子箱、隔离开关机构、主变压器附件、各种表计密封不好，导致渗水，使得绝缘能力降低。

（6）裸露。如备用电缆芯没有包好等。

3. 缺陷处理前安全措施

直流接地以往一般采用拉路查找的方法，拉路查找方法虽简单方便直接，但存在一定的安全风险。随着便携式直流接地检测仪的推广，现在一般以采用便携式直流接地检测仪为主，以拉路为辅的方法，提高了查找效率，降低了安全风险。需要注意的事项如下：

（1）发生直流接地时，禁止在二次回路上工作。

（2）处理时不得造成直流回路短路或另一点接地，特别注意在使用万用表时必须选择合适的挡位，防止误切电阻挡，导致两点接地。

（3）拉路查找前应采取必要的措施，防止拉合直流电源过程中电压切换箱失电导致 TV 断线，从而造成电容器保护动作或备自投动作，线路保护动作失去方向性导致误动。

4. 缺陷处理

（1）一般先根据直流接地选线装置的选线情况判断是哪条支路出现接地，这时可用便携式直流接地检测仪的钳型表沿该支路的小母线检测接地电流。当检查到接地电流消失时，之前小母线下的分路存在接地，此时可用钳型表检测各直流专用空气开关的上端头，若有接地电流，则检查该专用直流回路，进一步检测哪一根接线有接地情况。但当接地回路存在环路时，接地选线装置会报两条或者两条以上支路接地，便携式直流接地检测仪不能直接找到故障点，这时必须查清环路再检查。

（2）拉路查找时应根据先信号、后保护和控制回路的原则进行，同时结合天气情况判断可能的位置，雨天时先室外、后室内。在拉开装置的直流电源时，切断的时间不得超过 3s，不论接地是否消除均应合上。当发现某一专用直流回路有接地时，应及时找出接地点，尽快消除。

5. 实例

某日，运行人员发现 220kV 某变电站发出"直流接地"信号。经现场工作人员检查发现 2 号绝缘监测仪发支路 77 号负控母绝缘能力降低。首先用万用表测量直流控母电压，正极为＋105V，负极为－5V，表明确为负极接地；其次采用传统直流拉路法进行初步筛选，根据选线装置提示，断开 120P 4 号直流充电屏 77 号支路对应空气开关 427Z 110kV GIS 隔离开关、接地开关控制电源二，直流母线电压恢复正常，接地信号消失，合上该空气开关后，直流接地恢复，因此初步确定为 110kV GIS 隔离开关、接地开关控制回路存在接地故障。确定故障范围后，去 110kV GIS 场地。当拉路至 110kV 甲乙Ⅱ线 1600 间隔就地汇控柜中 MCB1 隔离开关、接地开关控制指示电源时，接地现象消失，直流母线电压恢复正常，确定从 120P 4 号直流充电屏到 110kV GIS 场地之间的直流电缆没有问题。最后，用 QDB－81 型直流接地快速查找仪查找故障电缆。合上 MCB1 空气开关，当解开 110kV 甲乙Ⅱ线 1678 高压带电显示装置电缆后，直流接地消失，控制电源电压恢复正常。经检查发现 110kV 甲乙Ⅱ线 1600 高压带电显示装置内有小动物爬入，导致直流接地短路，造成负极接地。

户外设备直流接地的概率在雨天时最高，因为隔离开关辅助触点一般接入的是遥信、电压切换回路、母差保护隔离开关位置开入。

户外设备若因渗水或受潮引起缺陷时，可用电吹风吹干。渗水时应找出渗水点封堵好；受潮时应检查加热器回路是否投入、完好。

平时加强对户外开关机构箱、端子箱、就地汇控柜的巡视，注意开关机构箱、端子箱、就地汇控柜的密封性和干燥性以及封堵情况，防止因阴雨天气、暴雨进入导致绝缘能力降低或者因小动物爬入导致二次电缆短路，避免引发直流接地故障对保护正常运行带来威胁。

6.3.5 保护装置缺陷

1. 缺陷现象

500kV 某变电站某乙线主二保护通道二报通道异常，后台显示 500kV 某乙线主二保护装置告警，对侧 500kV 某换流站也报 500kV 某乙线主二保护通道二异常。

2. 缺陷分析

500kV 某乙线保护采用 PSL－603GW 型分相电流差动保护装置，差动保护 1 程序置于 CPU1 板，差动保护 2 程序置于 CPU3 板，后备保护程序置于 CPU2 板。专用光纤通道 1 与 CPU1 板连接，复用光纤通道 2 与 CPU3 板连接，且各板块之间独立不受影响。此时，有两个可能导致通道报异常的原因：一是装置 CPU3 板运行异常；二是站内光纤通道损坏。从外部看，通道 2 连接良好，初步判断为装置内部异常。继保人员在现场发现保护装置运行灯亮，告警灯不亮，且装置面板显示 Dzs 为 1000ms，Tys 为 1000ms，其中对侧装置显示 Dzs 为 0ms，Tys 为 3.2ms。其中 Dzs 表示通道失帧数，通道完好时应为零；Tys 为通道延时，正常情况下，最大延时不得超过 16ms。结合上述报告，判断为本侧通道不通。查看装置告警报告，显示差动保护通信Ⅱ中断，开出异常。基于以上两点，判断为 CPU3 板故障的可能性较大。为了进一步确定故障位置，向中调申请修改本装置差动保护Ⅱ对侧纵联码，在装置处自环通道 2，发现保护装置仍显示光纤通道 2 通道异常，故判断为 CPU3 板损坏，待更换。

3. 缺陷处理前安全措施

在更换 CPU3 板之前需向调度申请短时退出保护，同时退出该保护的所有出口连接片。

4. 缺陷处理

更换 CPU3 板，并进行保护逻辑测试，合格后方可投运。装置投产时间达到 5 年及以上的，由于运行时间较长，应加强巡视。另外，要做好备品备件储备工作。

6.4 缺陷信息归结案例

对于继电保护缺陷，首先要采取预防措施，从设备改造、保护校验、日常维护及执行反事故措施等方面来保证设备处于良好状态，防止缺陷发生；其次，对每一起缺陷都要做好总结分析，积累经验，防止同类缺陷再次发生；再次，必须保证快速、安全地消除运行中出现的缺陷。此外，现场工作人员还需要不断提高技术、技能水平，提高预防缺陷和处理缺陷的能力。任何一种缺陷出现后可能有大量的信号出现，面对大量的信号信息应能够快速、准确地判断出存在缺陷元件的信号信息。本节仅对 110kV 线路保护的部分缺陷信息进行归结说明，其他缺陷信号信息可以参考此方法进行归结。

【例 6-1】 重合闸未充电

信息含义：保护装置重合闸无法动作。

信息来源：线路保护装置。

信息类别：预告信号。

关联信息：重合闸充电指示为未充电状态。

产生原因：断路器合上后，重合闸检测到跳位开入、闭锁重合闸开入、装置长期启动、压力闭锁重合闸中的任一条件时均不充电。

处理原则：①检查保护装置告警信息及运行情况；②检查保护装置重合闸充电指示；③根据检查情况，由相关专业人员进行处理。

【例 6-2】 电流互感器断线告警

信息含义：保护装置检测到电流互感器二次电流回路开路等。

信息来源：线路保护装置。

信息类别：预告信号。

关联信息：①装置告警；②保护装置"告警"灯亮。

产生原因：①电流互感器本体故障；②电流互感器二次回路断线（含端子松动、接触不良）或短路；③保护装置采样回路存在缺陷。

处理原则：①检查保护装置告警信息及运行情况。密切留意后续的预告或动作信号，如有异常现象，现场检查人员应迅速撤离；②退出可能误动的保护和自动装置，查找故障时应采取的安全措施，防止高压伤人；③检查故障电流互感器是否有异常、异声、异味，及电流互感器二次电流回路有无烧蚀，确有上述情况，应将电流互感器退出运行。

【例6-3】 电压互感器断线告警

信息含义：线路保护母线电压值达到断线告警值。

信息来源：线路保护装置。

信息类别：预告信号。

关联信息：①装置告警；②保护装置"告警"灯亮。

产生原因：①母线电压互感器本体故障；②母线电压互感器熔断器熔断或空气开关跳闸，电压互感器二次回路断线（含端子松动、接触不良）或短路；③母线电压切换回路或电压并列回路故障。

处理原则：①检查保护装置告警信息及运行情况。密切留意后续的预告或动作信号，如有异常现象，现场检查人员应迅速撤离；②退出可能误动的保护和自动装置；③检查故障电压互感器的熔断器是否熔断或空气开关是否跳开；④如母线电压互感器本体故障，隔离故障点后将电压互感器二次并列运行。

【例6-4】 过负荷告警

信息含义：线路保护检测到负荷电流超过告警整定值。

信息来源：线路保护装置。

信息类别：预告信号。

关联信息：①装置告警；②保护装置"告警"灯亮。

产生原因：线路负荷增大，达到过负荷整定值。

处理原则：①检查保护装置告警信息及运行情况；②密切监视线路负荷情况，及时转移负荷；③检查本线路断路器间隔设备有无异常，进行设备特巡和红外测温。

【例6-5】 纵联启动

信息含义：线路保护装置检测到电流突变。

信息来源：线路保护装置。

信息类别：预告信号。

关联信息：①距离启动、零序启动、保护启动；②保护装置"告警"灯亮。

产生原因：①负荷突变；②线路发生内部或外部故障。

处理原则：①检查保护装置告警信息及运行情况；②检查本线路断路器间隔设备有无异常。

【例6-6】 零序启动

信息含义：线路保护装置检测到零序电流升高。

信息来源：线路保护装置。

信息类别：预告信号。

关联信息：①纵联启动、零序启动、保护启动；②保护装置"告警"灯亮。

产生原因：①负荷突变；②线路发生内部或外部故障。

处理原则：①检查保护装置告警信息及运行情况；②检查本线路断路器间隔设备有无异常。

【例6-7】 装置参数错

信息含义：保护装置检测到设置的参数出错。

信息来源：线路保护装置。

信息类别：预告信号。

关联信息：装置告警。

产生原因：①装置参数设置不符合规定；②CPU（中央处理器）损坏。

处理原则：①检查保护装置告警信息及运行情况；②根据检查情况，由相关专业人员进行处理。

【例6-8】 通道纵联码错

信息含义：保护装置检测到通道接收的纵联码与定值中对侧纵联码不一致。

信息来源：线路保护装置。

信息类别：预告信号。

关联信息：装置告警。

产生原因：①通道接线交叉；②纵联码整定错误。

处理原则：①检查保护装置告警信息及运行情况；②根据检查情况，由相关专业人员进行处理。

【例6-9】 光纤通道故障

信息含义：保护装置检测到纵联通道无法正常交换。

信息来源：线路保护装置。

信息类别：预告信号。

关联信息：①装置告警；②光纤保护装置通道"告警"灯亮。

产生原因：光纤通道设备故障。

处理原则：①检测光纤保护通道状态量；②将相应光纤主保护改投信号方式。

【例6-10】 内部通信出错

信息含义：保护装置检测到内部元件之间通信出错。

信息来源：线路保护装置。

信息类别：预告信号。

关联信息：装置告警。

产生原因：保护装置内部CPU（中央处理器）、管理板、采样板、开入（开出）模块之间通信异常。

处理原则：①检查保护装置告警信息及运行情况；②根据检查情况，由相关专业人员进行处理。

【例6-11】 模拟量采集错

信息含义：保护装置检测到模拟量采集系统出错。

信息来源：线路保护装置。

信息类别：预告信号。

关联信息：装置告警。

产生原因：①模拟量输入/输出回路异常；②数据采集系统各元件（A/D模数转换器、采样保持器、转换断路器）故障。

处理原则：①检查保护装置告警信息及运行情况；②根据检查情况，由相关专业人员进行处理。

【例6-12】 定值自检错

信息含义：保护装置检测到保护定值出错。

信息来源：线路保护装置。

信息类别：预告信号。

关联信息：装置告警。

产生原因：①所选定值校验码错或定值指针错；②EEPROM（电可擦可编程只读存储器）芯片及其连线回路故障。

处理原则：①检查保护装置告警信息及运行情况；②根据检查情况，由相关专业人员进行处理。

【例6-13】 定值区号错

信息含义：保护装置检测到保护定值区出错。

信息来源：线路保护装置。

信息类别：预告信号。

关联信息：装置告警。

产生原因：①所选定值校验码错或定值指针错；②EEPROM（电可擦可编程只读存储器）芯片及其连线回路故障。

处理原则：①检查保护装置告警信息及运行情况；②根据检查情况，由相关专业人员进行处理。

【例6-14】 保护装置 SRAM（静态随机存储器）自检异常

信息含义：保护装置检测到 SRAM 异常。

信息来源：线路保护装置。

信息类别：预告信号。

关联信息：装置告警。

产生原因：SRAM 芯片虚焊或损坏。

处理原则：①检查保护装置告警信息及运行情况；②根据检查情况，由相关专业人员进行处理。

【例6-15】 线路保护装置告警

信息含义：线路测控装置检测到线路保护装置告警信号。

信息来源：线路保护装置。

信息类别：预告信号。

关联信息：①TV 断线告警、控制回路断线；②保护装置"告警"灯亮。

产生原因：①电压互感器或电流互感器二次回路断线（含端子松动、接触不良）或短路；②跳、合位继电器故障；③保护程序出错，自检、巡检异常；④保护内部元件故障，如保护装置电源故障等。

处理原则：①检查保护装置各种灯光指示是否正常；②检查保护装置报文；③检查保护装置、电压互感器、电流互感器的二次回路有无明显异常；④根据检查情况，由相关专业人员进行处理。

本章思考题

1. 二次控制回路缺陷主要原因有哪些？
2. 二次回路的抗干扰措施有哪些？
3. 造成 TA 回路开路的原因主要有哪些？
4. 写出 TA 回路缺陷处理时的注意事项。
5. TV 回路缺陷形成原因有哪些？
6. 直流回路接地缺陷的原因有哪些？
7. 保护装置缺陷的原因有哪些？
8. 写出直流接地缺陷处理的步骤。

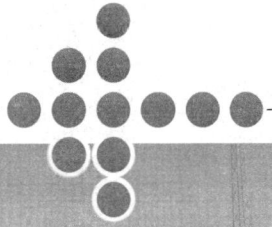

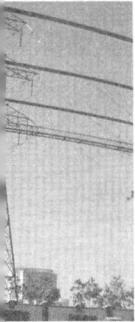

7

继电保护动作录波图识读

7.1 概　　述

随着社会经济的不断发展，各方对供电可靠性的要求越来越高。特别是《电力安全事故应急处置和调查处理条例》（国务院第 599 号令）的颁布实施，对供电企业的事故（事件）预防、信息上报、事故（事件）快速判断和处理都提出了更高的要求。在事故（事件）处理中关键的一个环节就是根据故障录波信息获取故障过程中电流、电压幅值和相位，故障性质、故障持续时间以及保护元件、断路器的动作时间等信息，从而准确、快速地做出判断，为事故处理工作提供参考。因此，读懂故障录波图是继电保护人员必须掌握的一项基本技能。通过本章的学习，可有效地帮助现场继电保护人员快速掌握电力系统故障波形图识读及分析方法。

目前，不同厂家的保护故障波形图格式不尽相同，但保护或故障录波器都是利用故障特征明显的电气量作为启动元件，常用的有电流、电压突变量启动元件，电流、电压越限启动元件，频率变化量启动元件及开关量启动元件等。保护或故障录波器采集的数据主要有两种类型：一类为电流、电压等模拟量信号；一类为开关量变位等数字信号。录波器采集到的数据一般不做滤波处理，以尽可能完整、真实地记录故障信息。标准的录波图一般分为故障前一段时间、故障的全过程及故障后一段时间三个时段，每个时段都应完整记录当前的电流、电压波形及开关量变位情况，这些信息均采用同一时标绘制并打印。

7.2 线路故障保护动作录波图识读

电力系统中电力线路可能发生多种类型的故障，如单相接地故障、单相断线故障、两相接地故障、两相断线故障、两相或三相短路故障等，其中单相接地故障发生的概率最高。现以 110kV 线路区内单相接地故障（见图 7 - 1）为例讲解保护动作波形图的识读方法，该方法同样适用于其他故障类型的录波图分析，区别在于故障电流、电压的变化特征不同。

某 110kV 线路区内单相接地故障录波图如图 7 - 2 所示。该 110kV 线路配置了 RCS - 941B 型高压输电线路成套保护装置，该保护配置有全线速动的纵联距离、纵联零序方向主保护及完善的距离保护、零序方向后备保护。

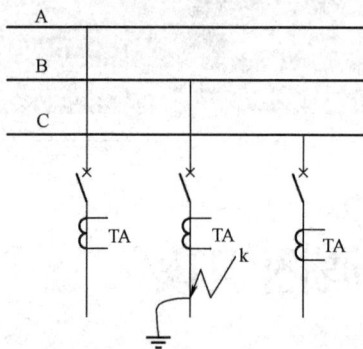

图 7 - 1　110kV 线路区内单相接地故障

通过该故障录波图，可以获得以下信息：

1. 故障分析简报

故障分析简报是保护自动地对本次故障进行的简单分析汇总，包括以下几方面：

（1）变电站及线路名称、装置地址。如图 7 - 2 所示，变电站为××站，编号为 1120，装置地址为 009，管理序号为 00040369，打印时间为 2010 - 05 - 19 14：31。

（2）故障发生时保护的动作元件以及序号、启动绝对时间和动作相对时间、动作相别。如图 7 - 2 所示，故障发生的动作序号为 017；启动绝对时间为 2010 - 05 - 15 19：56：01：164（2010 年 5 月 15 日 19 时 56 分 01 秒 164 毫秒）；各保护元件动作相对时间（即以保护启动时绝对时间为基准）为：

1）序号 01：纵联零序方向元件在保护启动后 15ms 动作。

2）序号 02：纵联距离元件在保护启动后 23ms 动作。

3）序号 03：距离 I 段在保护启动后 28ms 动作。

4）序号 04：重合闸元件在保护启动后 923ms 动作。

5）序号 05：距离加速元件在保护启动后 1240ms 动作。

（3）故障测距、故障相别、故障相电流和故障零序电流。如图 7 - 2 所示，故障测距为 2km，故障相别为 B 相，故障相电流有效值和故障零序电流有效值均为 5A。

RCS-941B(V2.00) 高压线路保护 — 动作报告

厂站名：××站　线路：1120　装置地址：009　管理序号：00040369　打印时间：10-05-19 14:31

动作序号	017	启动绝对时间	2010-05-15 19:56:01:164
序　号	动作相	动作相对时间	动作元件
01		00015ms	纵联零序方向
02		00023ms	纵联距离动作
03		00028ms	距离Ⅰ段动作
04		00923ms	重合闸动作
05		01240ms	距离加速

故障测距结果	0002.0km
故障相别	B
故障相电流值	005.00A
故障零序电流	005.04A

启动时开入量状态

01	高频保护	：	1	16	Ⅱ母电压	：	0
02	距离保护	：	1	17	跳闸位置	：	0
03	零序保护Ⅰ段	：	1	18	合闸位置1	：	1
⋮				⋮			

启动后变位报告

01	00007ms	收信 0->1	06	01108ms	收信 1->0
02	00032ms	合闸位置1 1->0	07	01224ms	收信 0->1
03	00076ms	跳闸位置 0->1	08	01257ms	合闸位置1 1->0
04	00938ms	跳闸位置 1->0	09	01301ms	跳闸位置 0->1
05	00989ms	合闸位置 0->1	10		

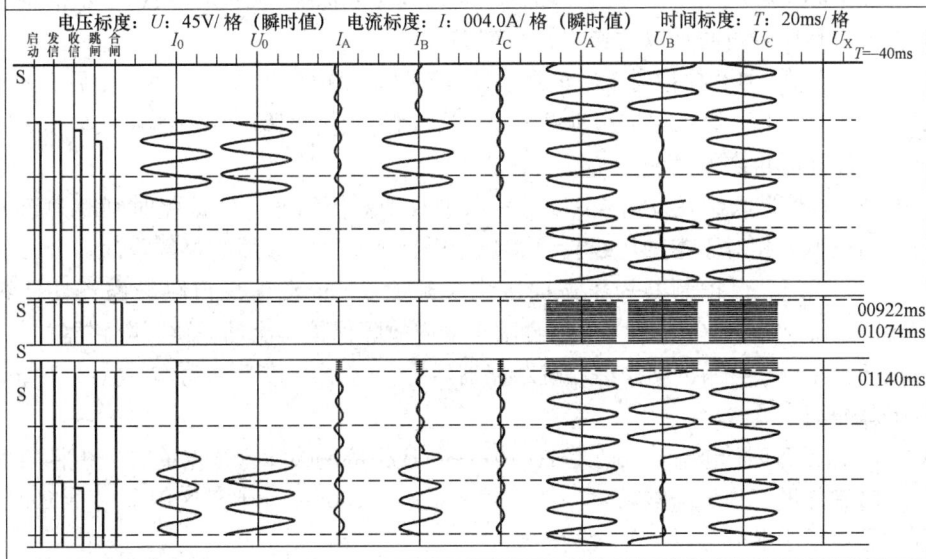

图7-2　110kV线路区内单相接地故障录波图

（4）启动时开入量状态。如图7-2所示，高频保护、距离保护、零序保护
Ⅰ段等保护在启动时开入量状态为1，表示相关保护功能连接片均投入；跳闸位

置状态为 0，合闸位置状态为 1，表示断路器在合闸位置。

（5）启动后变位报告状态。如图 7-2 所示，保护启动后 7ms 收信由 "0" 变为 "1"，32ms 合闸位置由 "1" 变为 "0"，76ms 跳闸位置由 "0" 变为 "1"，938ms 跳闸位置又由 "1" 变为 "0" 等。

2. 故障波形图信息

故障波形图即整个故障过程中各相电流、电压的有效值变化曲线以及开关量的变位情况。

（1）制定电流、电压、时间比例尺及单位。如图 7-2 所示，电压标度 U 为 45V/格（瞬时值）、电流标度 I 为 4A/格（瞬时值）、时间标度 T 为 20ms/格。

（2）故障波形图通道名称。如图 7-2 所示，包括启动、发信、收信、跳闸、合闸 5 个开关量通道和 9 个模拟量通道，其中 I_0 为零序电流（实际为 $3I_0$），U_0 为零序电压（实际为 $3U_0$），I_A、I_B、I_C 分别为 A、B、C 三相电流，U_A、U_B、U_C 分别为 A、B、C 三相电压，U_x 为线路抽取电压。

（3）时间纵坐标。如图 7-2 所示，录波图中均以故障发生、保护启动时刻为 0ms，后续保护动作时间均是相对于启动时刻的时间，如 $T=-40ms$ 表示保护从启动前 40ms 开始记录数据。

在实际工程应用中，可能会出现不同的故障或保护类型，各通道显示信息均有差异，具体分析时均以动作报告为准。

（1）启动。B 相模拟通道采集到故障电流时，保护在 0ms 时启动，7s 后返回。

（2）发信。大约在保护启动 2~3ms 后发信，持续 1074ms 消失，1220ms 后合闸于故障时再次发信。

（3）收信。大约在发信 4~5ms 后保护收到对侧信号。保护此时判断为正方向区内故障（相对于本站母线）。1224ms 后合闸于区内故障时再次收信。

（4）跳闸。保护判断为正方向区内故障后 15ms 动作出口跳断路器，持续 105ms 跳闸脉冲消失，1230ms 后合闸于区内故障保护再次动作跳开断路器。

（5）合闸。当保护动作出口跳断路器后，在 922ms 重合闸动作，持续 151ms 合闸脉冲消失。

（6）保护零序电流模拟通道 I_0。因发生 B 相接地故障，根据前文分析将出现零序电流分量直到故障被切除，持续约 60ms；1200ms 合闸于区内 B 相故障时，再次出现零序电流分量，持续约 60ms。

（7）保护零序电压模拟通道 U_0。因发生 B 相接地故障，根据前文分析将出现零序电压分量直到故障被切除，持续约 60ms；1200ms 合闸于区内 B 相故障时，再次出现零序电压分量，持续约 60ms。

（8）A、C 相电流模拟通道 I_A、I_C。基本为负荷电流，无故障电流存在。

（9）B相电流模拟通道 I_B。因发生 B 相接地故障，0ms 启动时通道上有故障电流存在，持续 60ms 消失；1200ms 合闸于区内 B 相故障时，通道上又有故障电流存在，持续 60ms 消失。

（10）A、C 相电压模拟通道 U_A、U_C。因发生 B 相接地故障，A、C 电压在故障前后无变化。

（11）B 相电压模拟通道 U_B。因发生 B 相接地故障，故障期间 B 相电压明显降低；1200ms 合闸于区内 B 相故障时，B 相电压明显降低。

根据上面的故障波形图分析得知：第一阶段 B 相采集到故障电流，15ms 后保护动作跳开断路器隔离故障，923ms 时重合动作将断路器合上；第二阶段系统电流、电压恢复正常后持续 75ms；第三阶段在 1200ms 合闸于区内 B 相故障时，40ms后保护动作再次跳开断路器且不再重合（保护动作复归后充电还需要 10～15s）。

3. 在故障波形图中读取准确的事件时间

保护装置根据开关量变位时刻给出了各事件发生的时间，有时并不十分准确。如断路器跳开或合上时间，一般取决于断路器辅助触点动作时间，但断路器辅助触点与主触头并不精确同步，会有一定的时差。因此需要从波形图中直接读取各事件的相对时间，通常以电流或电压波形变化比较明显的时刻为基准，读取各事件发生的相对时间。因为电流变大和电压变小时刻可较准确地判断故障已发生；故障电流消失和电压恢复正常的时刻可判断故障已切除。现以 110kV 线路单相接地故障事件时间波形图为例说明读取准确事件时间的方法，如图 7 - 3 所示。

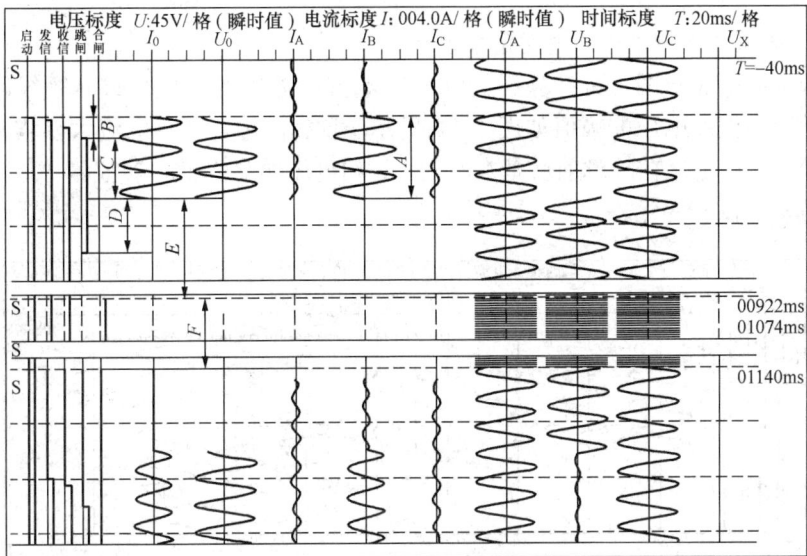

图 7 - 3　110kV 线路单相接地故障事件时间波形图

（1）故障持续时间。故障持续时间为从电流变大、电压降低开始，到故障电流消失、电压恢复正常的时间，如图7-3所示的A段，故障持续时间为60ms。

（2）保护动作时间。保护动作时间是从故障开始到保护出口的时间，即从电流变大、电压开始降低，到保护跳闸继电器动作的时间，如图7-3所示的B段，保护动作最快时间为15ms。

（3）断路器跳闸时间。断路器跳闸时间是从跳闸继电器动作到故障电流消失的时间，如图7-3所示的C段，断路器跳闸时间为45ms。

（4）保护返回时间。保护返回时间是指故障电流消失时刻到跳闸继电器返回的时间，如图7-3所示的D段，保护返回时间为30ms。

（5）重合闸动作时间。重合闸动作时间是从故障消失开始计时到发出重合命令的时间，如图7-3所示的E段，重合闸动作时间为862ms。

（6）断路器合闸时间。断路器合闸时间是从重合闸继电器动作到断路器合闸成功，出现负荷电流的时间，如图7-3所示的F段，断路器合闸时间为218ms。

将110kV线路单相接地故障事件时间汇集在时间轴上，如图7-4所示。

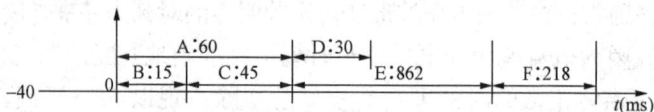

图7-4　110kV线路单相接地故障事件时间轴

4.故障波形中电流、电压的幅值读取

根据故障波形图，可计算出故障期间电流、电压的幅值。110kV线路单相接地故障电流、电压的幅值如图7-5所示。B相故障，B相电流大幅增加，非故障A、C相电流在故障前后基本不变；B相电压明显降低，非故障A、C相电压相位基本没有变化。

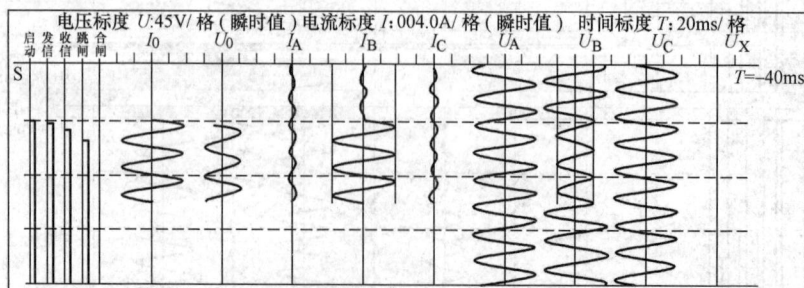

图7-5　110kV线路单相接地故障电流、电压的幅值

故障电流计算方法：先找出 I_B 通道上的故障电流波形两边的最高波峰在刻度标尺上的位置，读取标尺上的总格数，然后将总格数除以 2，再乘以电流标度 4.0A/格，最后除以 $\sqrt{2}$ 就得到二次电流有效值，再乘以该间隔的 TA 变比，即得到一次电流有效值。假设该间隔 TA 变比为 1200/1，则 B 相短路的一次电流为

$$I_{kB} = [(\text{总格数} \times \text{电流标度} I)/2\sqrt{2}] \times \text{变比} = [(3.8 \times 4)/2\sqrt{2}] \times 1200/1$$
$$= 6450(\text{A})$$

零序电流的计算方法与 I_{kB} 相同，需要说明的是实际计算出的是 $3I_0$。

故障电压计算方法：先找出 U_B 通道上故障电压波形两边的最低波峰在刻度标尺上的位置，读取标尺上的总格数，然后将总格数除以 2，再乘以电压标度 45V/格，最后除以 $\sqrt{2}$ 就得到二次电压有效值，再乘以该间隔母线的 TV 变比，即得到一次电压有效值。假设该间隔 TV 变比为 1100/1，则 B 相短路的一次电压为

$$U_{kB} = [(\text{总格数} \times \text{电压标度} U)/2\sqrt{2}] \times \text{变比} = [(2 \times 45)/2\sqrt{2}] \times (1100/1)$$
$$= 35(\text{kV})$$

零序电压的计算方法与 U_{kB} 相同，需要说明的是实际计算出的是 $3U_0$。

5. 故障波形图中电流、电压相位的读取

110kV 线路单相接地故障电流、电压的相位如图 7-6 所示。通过电流、电压波形过零点的时间差可测量故障期间故障相电压、相电流及零序电压、零序电流的相位，结合前文理论分析，判断保护是否正确动作。

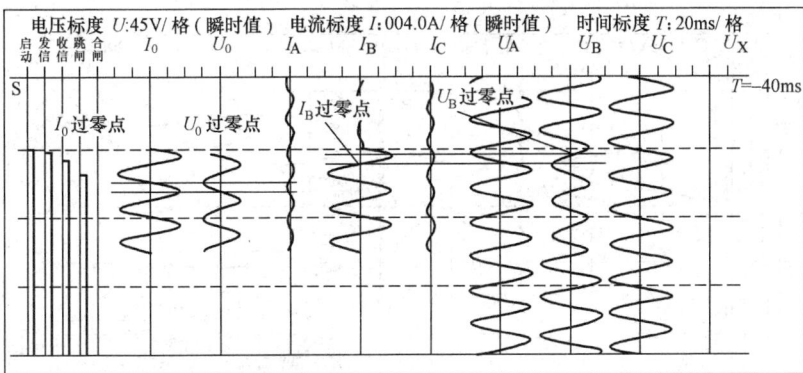

图 7-6　110kV 线路单相接地故障电流、电压的相位

以电压为参考，若电流过零时间滞后于电压过零时间，则电流滞后电压；反之则电压超前电流。图 7-6 中的 B 相电流过零点滞后 B 相电压过零点约 4ms，相

当于 B 相电流滞后 B 相电压约 $18° \times 4 = 72°$，由此可以判断故障发生在正方向（相对于本站母线），且为金属性接地故障。若实测相电流超前相电压 $110°$ 左右，则表明是反向故障。110kV 线路正向单相接地故障电流、电压的相量图，如图 7-7 所示。

同理，以零序电流为参考，零序电流过零点超前零序电压过零点大约 5ms，相当于超前角为 $100°$（见图 7-8），则可以判断故障发生在正方向（相对于本站母线）。若实测零序电流滞后零序电压约 $80°$（见图 7-8），则是反向故障。110kV 线路反相单相接地故障电流、电压的相量图如图 7-8 所示。

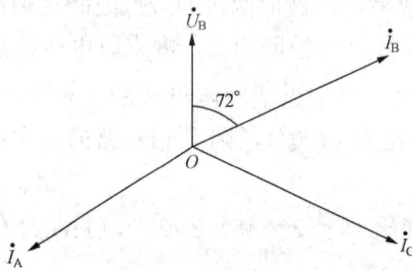

图 7-7　110kV 线路正向单相接地故障电流、电压的相量图

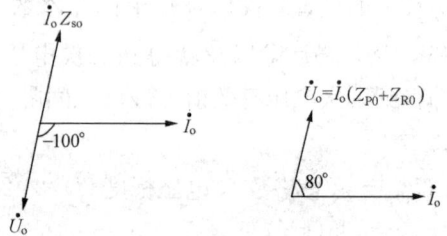

图 7-8　110kV 线路反向单相接地故障电流、电压的相量图

6. 正向区内瞬时故障信息快速获取

正向区内瞬时故障信息快速获取波形图如图 7-9 所示。由图可以看出，区内瞬时性故障后，B 相相电压明显降低，保护 2~3ms 发信，8~9ms 收信，保

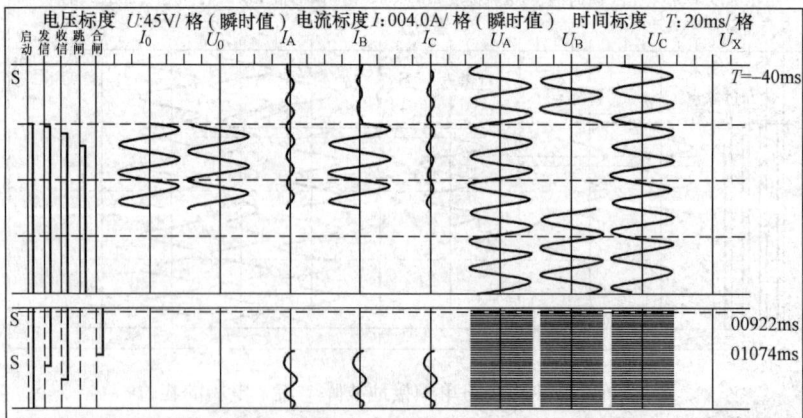

图 7-9　正向区内瞬时故障信息快速获取波形图

护判断为区内 B 相故障，最快在保护启动后 15ms 发出跳闸指令，60ms 切除故障，922ms 发出合闸指令，断路器重合闸成功，电流、电压恢复正常。同样可以根据故障波形图中电流、电压相位来判断是否为正向区内故障。

　　7. 正向区内永久故障信息快速获取

　　正向区内永久故障信息快速获取波形图如图 7 - 10 所示。由图可以看出，该线路区内永久性故障后，B 相电压明显降低，保护 2～3ms 发信，8～9ms 收信，保护判断为区内 B 相故障，最快在保护启动后 15ms 发出跳闸指令，60ms 切除故障，922ms 发出合闸指令，断路器重合闸成功。重合到故障线路时，保护立即判断为重合于故障，约 80ms 后发出跳闸指令，断路器跳开三相，未合闸成功（重合闸未充电）。同样可以根据故障波形图中电流、电压相对相位关系来判断是否为正向区内故障。

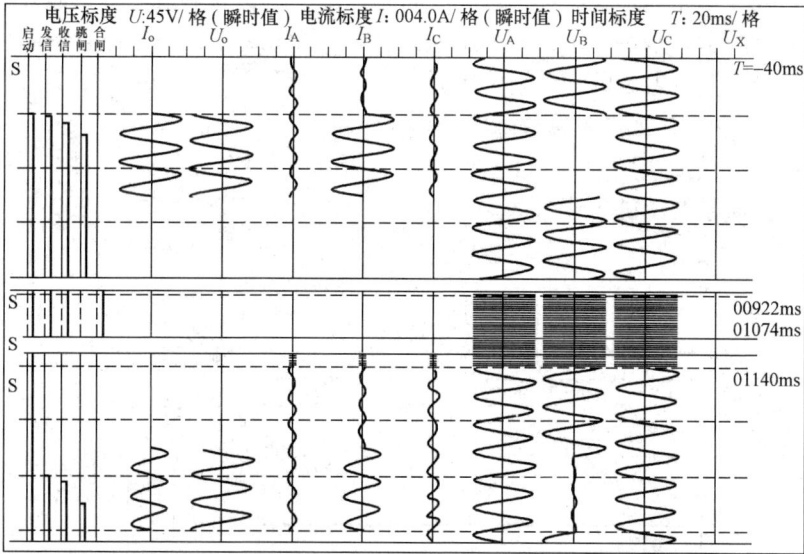

图 7 - 10　正向区内永久故障信息快速获取波形图

　　上述仅以线路区内 B 相单相接地故障保护动作故障波形识读为例进行说明，A、C 相识读方法类似。

　　单相接地故障时电流、电压量、开关量的特征如下：

　　（1）故障相电流增大、电压降低，同时出现零序电压、零序电流。

　　（2）故障相电压超前故障相电流约 70°，零序电流超前零序电压约 110°。

　　（3）零序电流相位与故障相电流相位相同，零序电压相位与故障相电压相位相反。

（4）保护开关量变位相别与故障相别一致，保护启动、跳闸、重合闸、通道交换信息与保护动作情况一致。

7.3　母线故障保护动作录波图识读

母线是发电厂和变电站重要组成部分之一。母线又称汇流排，是汇集电能及分配电能的重要设备。母线上连接有变压器、出线、电压互感器及电流互感器等多种元件。运行实践表明，由于绝缘老化、污秽引起的闪络接地故障和雷击造成的短路故障较多；母线电压互感器、电流互感器的故障，运行人员带负荷拉隔离开关，带接地线合断路器的误操作事故也时有发生。实际生产运行中母线故障主要以单相接地故障为主，相间短路故障也时有发生。对母线保护而言，正确区分区内、区外故障尤其重要。本节以单相接地故障为例讲解母线区内、区外故障时RCS－915系列母差保护动作录波图识读方法，其他短路故障分析方法同理，区别在于故障电流、电压的变化特征不同。

7.3.1　Ⅰ母线区内单相故障保护动作分析

以某双母线接线变电站的Ⅰ母线区内A相接地故障（见图7-11）为例，讲解母线故障时录波图的识读方法。

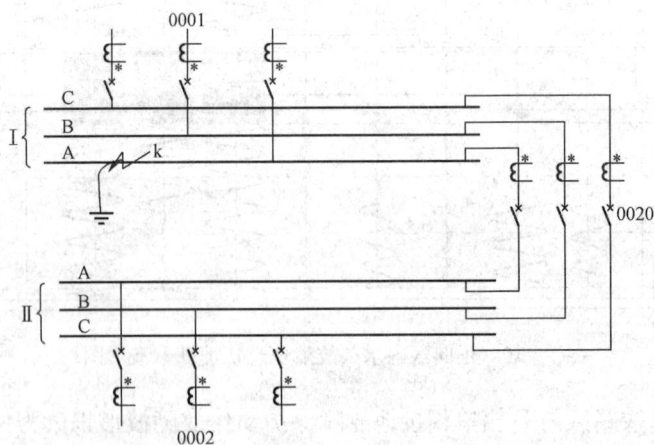

图 7-11　Ⅰ母线区内 A 相接地故障

Ⅰ母线区内 A 相故障录波图如图 7-12 所示。

通过该故障录波图，可以获得以下信息：

1. 开关量通道

由图 7-12 可知，开关量 1（代表母差跳Ⅰ母线）在故障发生 20ms 后有突

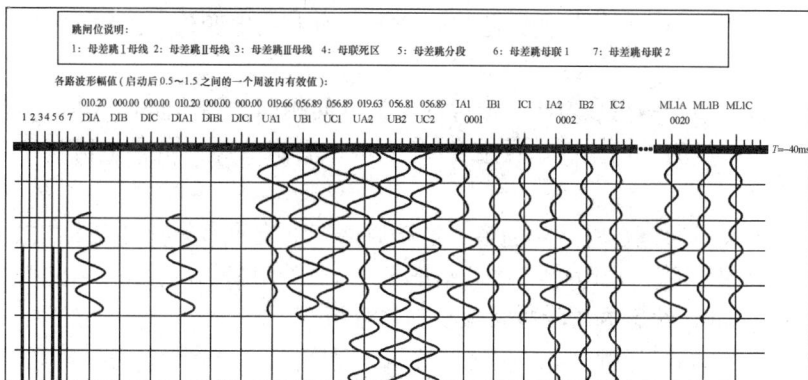

图 7-12　Ⅰ母线区内 A 相故障录波图

变，即工频变化量差动保护跳Ⅰ母线上的所有间隔开关（含母联和分段）；开关量 5、6（分别代表母差跳分段和母联 1）在故障发生 20ms 后有突变，即稳态量差动保护动作跳Ⅰ母线、母联 1 及分段。上述开关量变位说明保护有动作出口现象。

2. 差动量通道

在母差保护大差 DIA 的 A 相通道中有突变差流存在并持续 60ms；同时在母差保护Ⅰ母线小差 DIA1 的 A 相通道中有突变差流存在并持续 60ms，并与大差 DIA 的 A 相通道中的突变电流相位相同。以上说明故障时母差保护大差元件和Ⅰ母线小差元件均感受到差流，满足母差保护动作条件，母差保护大、小差元件动作。

3. 电压通道

在 UA1 通道中，当出现突变量差流时电压存在明显的下降，UB1、UC1 整个过程中未出现变化，持续 60ms 后全部消失；同时在 UA2 通道中，当出现突变量差流时电压也存在明显的下降，UB2、UC2 整个过程中未出现变化，但 UA2 持续 60ms 后恢复正常。以上情况说明系统中确实发生了 A 相接地故障，故障相电压明显降低，母差保护复压闭锁条件开放。

4. 电流通道

(1) 在 0001 间隔 A 相通道中出现突变电流，并且方向在突变发生时没有变化，B、C 相通道中电流的大小和方向均未发生变化，持续 60ms 后全部消失。

(2) 在 0002 间隔 A 相通道中出现突变电流，并且方向在突变时发生变化（反相 180°），B、C 相通道中电流大小和方向均未发生变化，持续 60ms 后恢复正常。

(3) 在 0020 间隔 A 相通道中存在突变电流，并且方向在突变时发生变化

（反相180°），B、C相通道中电流大小和方向均未发生变化，持续60ms后全部消失。

从（1）、（2）中可以看出，故障时电流方向相同，均流向故障点，方向相同进一步说明故障为区内故障。再结合（3）可以看出故障前负荷电流从Ⅰ母线流向Ⅱ母线。

综合开关量通道、差动量通道、电压通道、电流通道分析得知本次故障为Ⅰ母线区内A相故障，故障持续时间为60ms，保护正确动作。

7.3.2　Ⅱ母线区内单相故障保护动作分析

以某母线的Ⅱ母线区内A相接地故障（见图7-13）为例，讲解母线故障时录波图的识读方法。

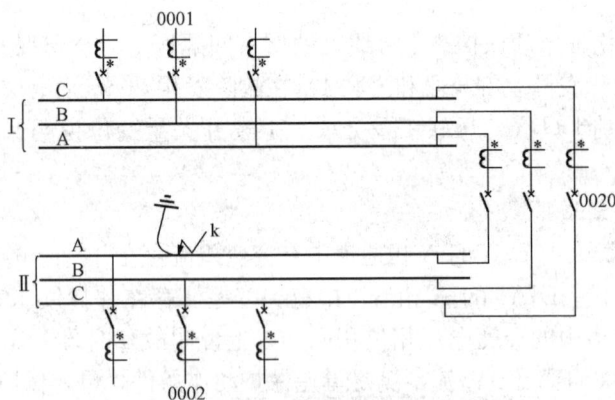

图7-13　Ⅱ母线区内A相接地故障

Ⅱ母线区内A相故障录波图如图7-14所示。

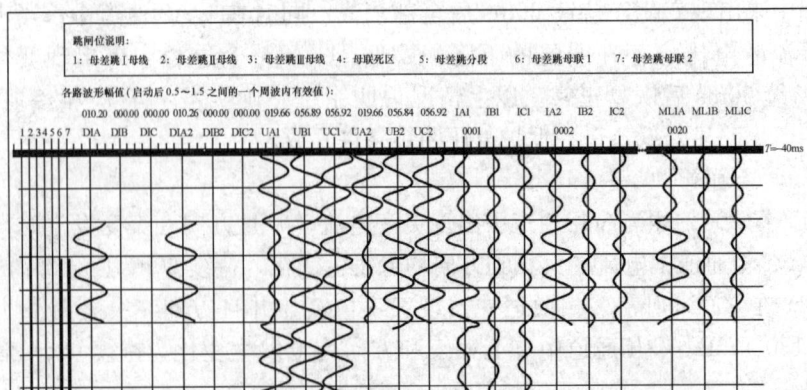

图7-14　Ⅱ母线区内A相故障录波图

通过该故障录波图，可以获得以下信息：

1. 开关量通道

由故障波形图得知，开关量 2（代表母差跳 Ⅱ 母线）在故障发生 3～5ms 后有突变，即工频变化量差动保护跳 Ⅱ 母线上的所有间隔开关（含母联和分段）；开关量 6、7（分别代表母差跳分段和母联 2）在故障发生 20ms 后有突变，即稳态量差动保护动作跳 Ⅱ 母线、母联 2 及分段。上述开关量变位说明保护有动作出口现象。

2. 差动量通道

在母差保护大差 DIA 的 A 相通道中有突变差流存在并持续 60ms；同时在母差保护 Ⅱ 母线小差 DIA2 的 A 相通道中有突变差流存在并持续 60ms，并与大差 DIA 的 A 相通道中的突变电流方向相同。以上说明故障时母差保护大差元件和 Ⅱ 母线小差元件均感受到差流，满足母差保护动作条件，母差保护大、小差元件动作。

3. 电压通道

在 UA1 通道中，当出现突变量差流时电压存在明显的下降，UB1、UC1 整个过程中未出现变化，持续 60ms 后恢复正常；同时在 UA2 通道中，当出现突变量差流时电压也存在明显的下降，UB2、UC2 整个过程中未出现变化，但 UA2、UB2、UC2 持续 60ms 后全部消失。以上情况说明系统中确实发生了 A 相接地故障，故障相电压明显降低，母差保护复压闭锁条件开放。

4. 电流通道

（1）在 0001 间隔 A 相通道中出现突变电流，并且方向在突变发生时没有变化，B、C 相通道中电流大小和方向均未发生变化，持续 60ms 后全部恢复正常。

（2）在 0002 间隔 A 相通道中出现突变电流，并且方向在突变时发生变化（反相 180°），B、C 相通道中电流大小和方向均未发生变化，持续 60ms 后全部消失。

（3）在 0020 间隔 A 相通道中出现突变电流，并且方向在突变时未发生变化，B、C 相通道中电流的大小和方向均未发生变化，持续 60ms 后全部消失。

从（1）、（2）中可以看出，故障时电流方向相同，均流向故障点，方向相同进一步说明故障为区内故障。再结合（3）可以看出故障前负荷电流从 Ⅰ 母线流向 Ⅱ 母线。

综合开关量通道、差动量通道、电压通道、电流通道分析得知，本次故障为 Ⅱ 母线区内 A 相故障，故障持续时间为 60ms，保护正确动作。

7.3.3 母线区外单相故障保护误动分析

以Ⅱ母线区外 A 相故障为例分析，如图 7-15 所示。

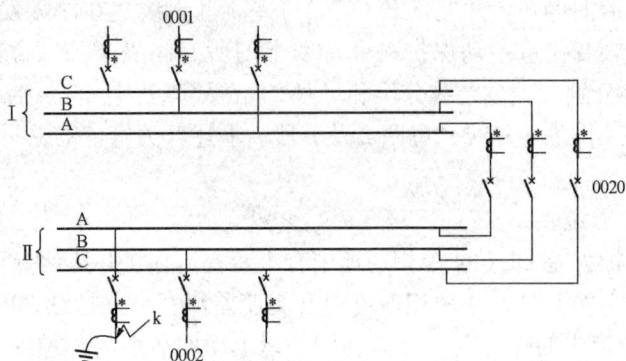

图 7-15 Ⅱ母线区外 A 相故障

Ⅱ母线区外 A 相故障录波图如图 7-16 所示。

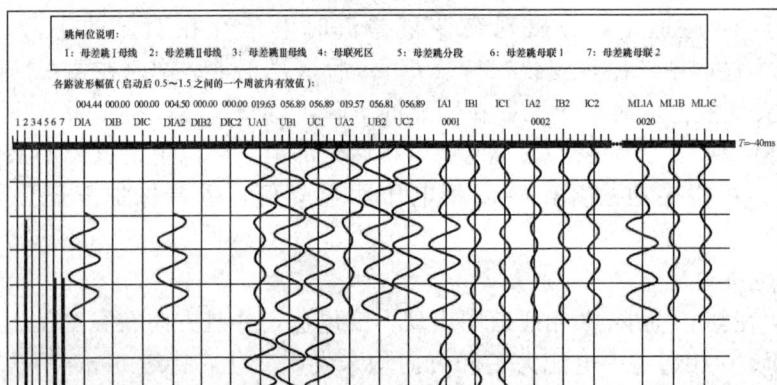

图 7-16 Ⅱ母线区外 A 相故障录波图

通过故障录波图，可获得以下信息：

1. 开关量通道

由故障波形图得知，开关量 2（代表母差跳Ⅱ母线）在故障发生 3～5ms 后有突变，即工频变化量差动保护跳Ⅱ母线上的所有间隔开关（含母联和分段）；开关量 6、7（分别代表母差跳分段和母联 2）在故障发生 20ms 后有突变，即稳态量差动保护动作跳Ⅱ母线、母联 2 及分段。上述开关量变位说明保护有动作出口现象。

2. 差动量通道

在母差保护大差 DIA 的 A 相通道中有突变差流存在并持续 60ms；同时在母差保护Ⅱ母线小差 DIA2 的 A 相通道中有突变差流存在并持续 60ms，并与大差 DIA

的 A 相通道中的突变电流方向相同。以上说明故障时母差保护大差元件和Ⅱ母线小差元件均感受到电流，满足母差保护动作条件，母差保护大、小差元件动作。

3. 电压通道

在 UA1 通道中，当出现突变量差流时电压存在明显的下降，UB1、UC1 整个过程中未出现变化，持续 60ms 后恢复正常；同时在 UA2 通道中，当出现突变量差流时电压也存在明显的下降，UB2、UC2 整个过程中未出现变化，但 UA2、UB2、UC2 持续 60ms 后全部消失。以上情况说明系统中确实发生了 A 相接地故障，故障相电压明显降低，母差保护复压闭锁条件开放。

4. 电流通道

（1）在 0001 间隔 A 相通道中出现突变电流，并且方向在突变发生时没有变化，B、C 相通道中电流大小和方向均未发生变化，持续 60ms 后全部恢复正常。

（2）在 0002 间隔 A 相通道中出现突变电流，并且方向在突变时未发生变化，但该通道上的电流大小存在明显减小，B、C 相通道中电流大小和方向均未发生变化，持续 60ms 后全部消失。

（3）在 0020 间隔 A 相通道中出现突变电流，并且方向在突变时未发生变化，B、C 相通道中电流大小和方向均未发生变化，持续 60ms 后全部消失。

从（1）、（2）中可以看出，故障时电流方向相反，说明一条支路电流流进母线，另一条支路电流流出母线，二者方向相反，说明发生了区外故障，区外故障母差保护动作原因是 0002 间隔电流突然减小（如该间隔 TA 二次电缆芯线破损导致多点接地，如图 7-17 所示）。两者不平衡产生差流，在有电压开放的条件下保护动作出口，再结合

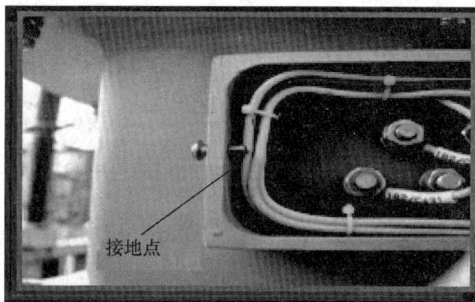

图 7-17　TA 二次电缆芯线破损

（3）可以看出故障前负荷电流从Ⅰ母线流向Ⅱ母线。

综合开关量通道、差动量通道、电压通道、电流通道分析得知，本次故障为Ⅱ母线区外 A 相故障，故障持续时间为 60ms，保护属于误动作。Ⅰ母线区外故障分析方法与上述分析方法相似，此处不再阐述。

7.4　主变压器故障保护动作录波图识读

变压器是将不同电压等级的系统联系起来的电能转换设备，是电力系统中的

重要电气设备之一。它的功能是把一种电压等级的电能转换为另一种电压等级的电能。变压器是依据电磁感应原理工作的,其主要组成部分是铁芯和绕组。变压器的故障可分为内部故障和外部故障。内部故障是指箱壳内部发生的故障,如绕组相间、匝间短路以及绕组与铁芯间的短路等。外部故障是指箱壳外部引出线间的各种相间和接地短路故障。针对这些故障,电力系统中运行的变压器均装设了能灵敏反映油箱内部故障的非电气量保护和主要反映绕组相间及接地短路、短路匝数较多的匝间短路等故障的纵差保护(含比率制动差动保护、差动速断保护等)。

7.4.1 主变压器保护区内单相故障

某 220kV 主变压器发生区内 A 相接地故障如图 7-18 所示,其故障录波图如图 7-19 所示。

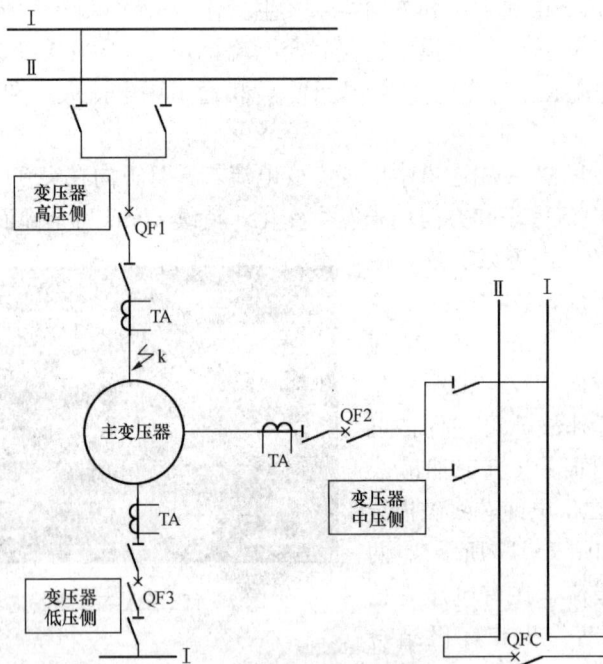

图 7-18 主变压器区内 A 相接地故障

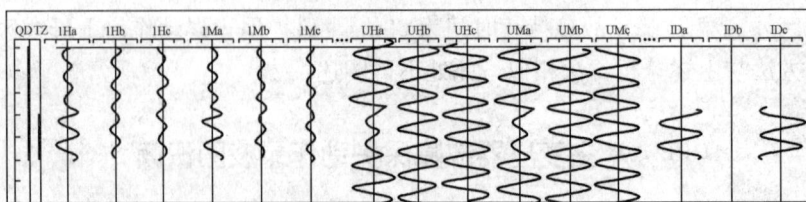

图 7-19 主变压器区内 A 相故障录波图

通过故障录波图，可获得以下信息：

1. 开关量通道

开关量 QD 在故障发生前 60ms 有突变，即保护启动有开出；开关量 TZ 在故障发生 4~5ms 后有突变，即保护动作开出，说明保护有动作出口现象，最后均消失。

2. 差动量通道

在大差 IDa 的 A 相通道中有突变差流存在并持续 43ms；同时在大差 IDc 的 C 相通道中有突变差流存在也持续 43ms，并与大差 IDa 的 A 相通道中的突变电流方向相反。由于该主变压器差动保护采用Ⅴ→△的方式进行相位调整，对Ⅴ侧电流而言存在以下关系

$$\dot{I}_{AH} = (\dot{I}_{ah} - \dot{I}_{bh})$$

$$\dot{I}_{BH} = (\dot{I}_{bh} - \dot{I}_{ch})$$

$$\dot{I}_{CH} = (\dot{I}_{ch} - \dot{I}_{ah})$$

式中　$\dot{I}_{ah}$、$\dot{I}_{bh}$、$\dot{I}_{ch}$——YNd11 接线变压器 Y 侧 A、B、C 三相实际电流，A；

　　　$\dot{I}_{AH}$、$\dot{I}_{BH}$、$\dot{I}_{CH}$——Y 侧经过相位调整后的三相电流，其相位已超前相应的实际电流 30°。

因此，当高压侧区内发生 A 相接地短路时，$\dot{I}_{AH} = \dot{I}_{ah}$ $\dot{I}_{CH} = -\dot{I}_{ah}$，即 A 相和 C 相均有差流，且相位相反。

3. 电压通道

在 UHa 通道中，当出现突变量差流时电压存在明显的下降，持续 43ms 后恢复正常，UHb、UHc 整个过程中未出现变化，说明系统发生 A 相故障，故障时间持续 43ms 左右。同时在 UMa 通道中，当出现突变量差流时电压也存在明显的下降，持续 43ms 后恢复正常，UMb、UMc 整个过程中未出现变化，说明系统发生 A 相故障，故障时间持续 43ms。

4. 电流通道

（1）在 IHa 高压侧 A 相通道中出现突变电流，并且方向没有变化，持续 43ms 后全部消失，B、C 相通道中大小和方向均未发生变化也与 A 相电流同时消失，变压器高侧断路器三相跳开。

（2）在 IMa 中压侧 A 相通道中存在出现突变电流，并且方向有变化，与故障前比较方向反向，与 IHa 高压侧 A 相通道出现突变电流后的方向相同，持续 43ms 后全部消失，B、C 相通道中电流大小和方向均未发生变化也与 A 相电流同时消失，变压器中压侧断路器三相跳开。

在 TA 极性端均靠母线侧前提下，从（1）、（2）中可以看出故障前高压侧和中压侧电流方向相反，故障后故障电流均流向故障点，进一步证明故障为区内故障，均由极性端流向非极性端。

综合开关量通道、差动量通道、电压通道、电流通道分析得知，本次故障为主变压器保护区内 A 相故障，故障持续时间为 43ms，保护正确动作。

7.4.2　主变压器保护区外单相故障

某 220kV 主变压器发生区外 A 相接地故障如图 7 - 20 所示，其故障波形图如图 7 - 21 所示。

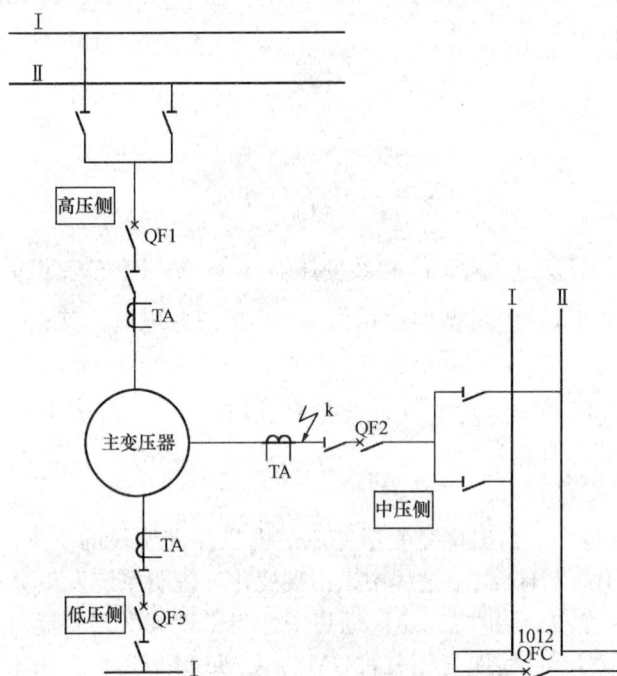

图 7 - 20　主变压器区外 A 相接地故障

通过故障录波图，可获得以下信息：

1. 开关量通道

由故障波形图得知，开关量 QD 在故障发生时有突变，即保护启动有开出；开关量 TZ 在故障发生 35ms 后有突变，即保护动作开出，说明保护有动作出口现象，最后均消失。

2. 差动量通道

在大差 IDa 的 A 相通道中有突变差流存在并持续 85ms；同时在大差 IDc

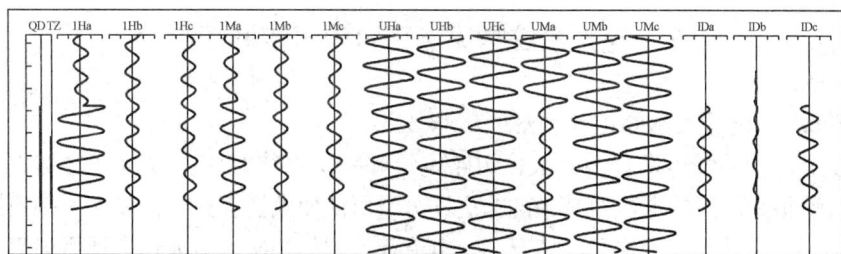

图 7 - 21　主变压器区外 A 相故障录波图

的 C 相通道中有突变差流存在也持续 85ms，并与大差 IDa 的 A 相通道中的突变电流方向相反（原因同前文所述，即差动保护采用丫→△方式调整相位产生的差流）。

3. 电压通道

在 UHa 通道中，当出现突变量差流时电压存在明显的下降，持续 85ms 后恢复正常，而 UHb、UHc 在整个过程中未出现变化，说明系统发生 A 相故障，故障时间持续 85ms 左右。同时在 UMa 通道中，当出现突变量差流时电压也存在明显的下降，持续 85ms 后恢复正常，UMb、UMc 整个过程中未出现变化，说明系统发生 A 相故障，故障时间持续 85ms。

4. 电流通道

（1）在 IHa 高压侧 A 相通道中出现突变电流，并且电流方向与故障前负荷电流方向相反，持续 85ms 后全部消失，B、C 相通道中电流大小和方向均未发生变化，与 A 相电流同时消失。

（2）在 IMa 中压侧 A 相通道中出现突变电流，并且方向无变化，与故障前负荷电流方向相同，与 IHa 高压侧 A 相通道的突变电流方向相反，持续 85ms 后全部消失，B、C 相通道中电流大小和方向均未发生变化，与 A 相电流同时消失。

在 TA 极性端均靠母线侧前提下，从（1）、（2）中可以看出，故障前高压侧和中压侧负荷电流方向相反，由高压侧流入主变压器，中压侧流出母线；故障时电流由高压侧流入主变压器，由中压侧流出主变压器，最终流向故障点，说明故障为区外故障。但中压侧 A 相电流明显偏小，两侧电流不平衡产生差流，造成该主变压器差动保护区外故障时保护误动。中压侧 A 相电流偏小的原因可能有 TA 二次回路存在多点接地，TA 饱和等。

综合开关量通道、差动量通道、电压通道、电流通道分析得知，本次故障为主变压器保护区外 A 相故障，故障持续时间为 85ms，保护误动作。

7.5 电力系统常见非正弦电气波形图识读

7.5.1 电流互感器饱和波形

随着电力系统容量日益增大，短路电流和一次系统时间常数也随之增大。故障时幅值很大的短路电流及其中的非周期分量可能使电流互感器的铁芯呈现不同程度的饱和。在铁芯深度饱和的情况下，电流互感器的二次电流波形会严重失真（电流波形和相位畸变），进而影响继电保护装置的动作行为，造成保护不正确动作，必须采取措施防止保护装置在电流互感器铁芯饱和时不正确动作。如图 7-22 所示为某电流互感器铁芯饱和时二次输出电流波形。

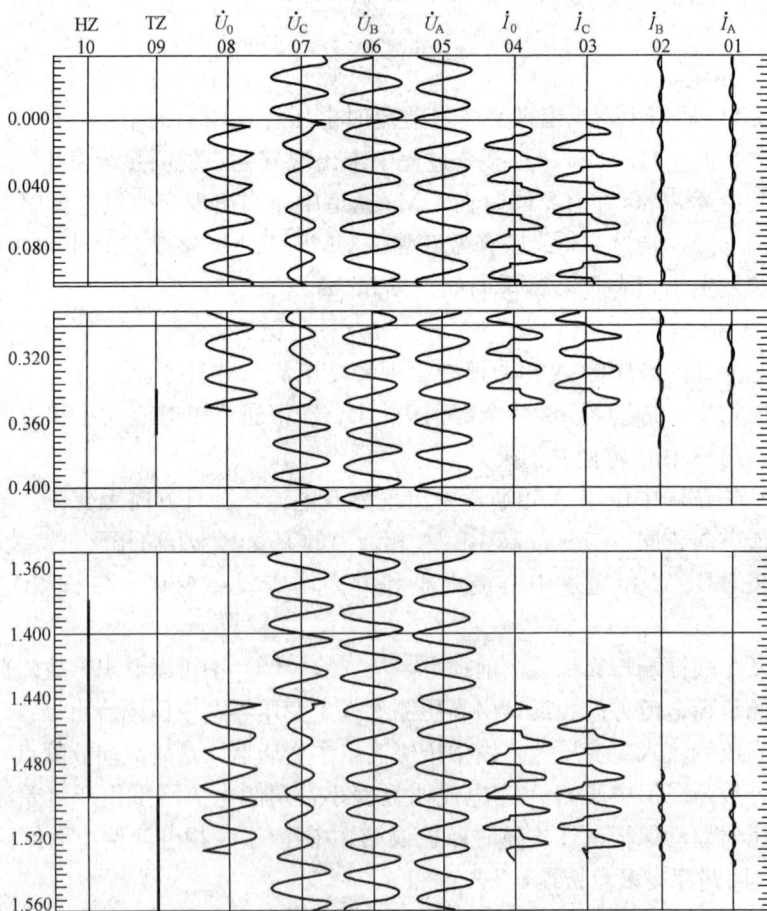

图 7-22 电流互感器铁芯饱和时二次输出电流波形

7.5.2　电力变压器励磁涌流

对空载变压器进行充电时，将在变压器的送电侧出现励磁涌流，励磁涌流是变压器铁芯饱和造成的。励磁涌流的大小及偏离时间轴的方向，与变压器铁芯的材料、送电瞬间电压的相位以及变压器剩磁的大小和方向有关。

同一台变压器在不同的合闸角下会产生不同的励磁涌流。如图 7 – 23～图 7 – 25 所示分别为某 220kV 主变压器三次送电时的励磁涌流波形图。

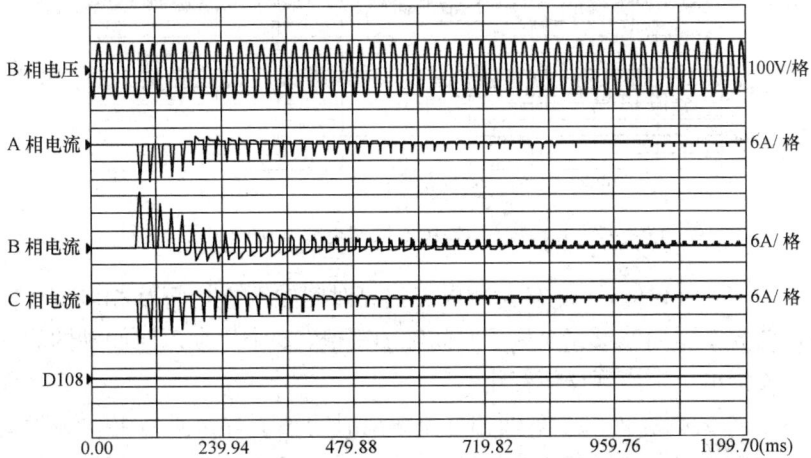

图 7 – 23　220kV 主变压器第一次送电时的励磁涌流波形图

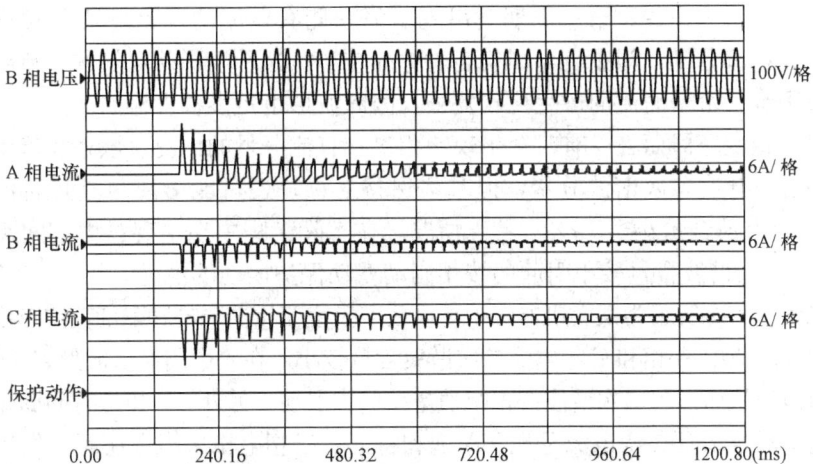

图 7 – 24　220kV 主变压器第二次送电时的励磁涌流波形图

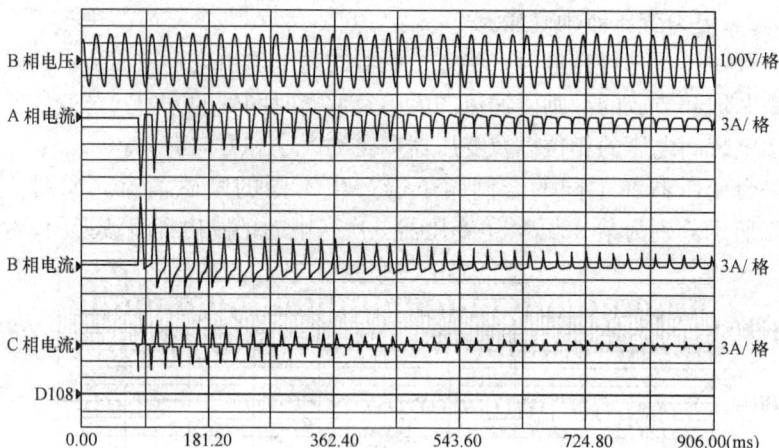

图 7-25　220kV 主变压器第三次送电时的励磁涌流波形图

由图 7-23 可得知，A、C 两相电流偏离时间轴下方，而 B 相电流偏离时间轴上方，前 5 个周期波形完全偏于时间轴的一侧，5 个周期后时间轴的另一侧有一部分电流，电压未出现任何变化。

由图 7-24 可得知，B、C 两相电流偏离时间轴下方，而 A 相电流偏离时间轴上方，前 5 个周期波形完全偏于时间轴的一侧，5 个周期后时间轴的另一侧有一部分电流，电压未出现任何变化。

图 7-25 所示的励磁涌流波形比较特殊，首先电压未出现任何变化，涌流幅值相对上两次小一些，第一周期就出现了另一侧有电流的现象，且 C 相涌流中几乎没有直流分量，为正负半周相互对称的波形，这种波形使保护的涌流判据变得比较困难。由于涌流的产生比较复杂，因此波形也是多种多样的。

对三相变压器而言，有时会出现一相没有直流分量的情况，该相涌流中虽然波形畸变，含有各次谐波分量，但基本保持对称；还可能出现涌流间断角小于 60°或二次谐波含量小于 15% 等特殊情况。在实际工程中还出现过由于间断角小于 60°和二次谐波含量较小引起的按相制动差动保护误动的情况。

如图 7-26 所示为某变压器保护更换后空投主变压器时的励磁涌流波形图。由图可知，涌流中 A 相和 C 相电流二次谐波含量较小，在 4 个周期后波形趋于对称，间断角消失从而引起二次谐波按相制动差动保护误动。另外，B 相虽有间断角，但波形基本对称，且二次电流呈现 TA 饱和特征，三相电压未出现任何变化。

综合上述分析可知，由于变压器励磁涌流的形成机理非常复杂，波形多种多样，所以识读这种波形图时，应根据具体情况具体分析。该波形有如下一些特点：

文件名2007年4月17日19时28分50秒 8分50秒
比例尺(次值): 交流电压 5.87V/mm 交流电流 140A/mm 直流电压 0.01V/mm 直流电流 0.01A/mm 交流电流 140A/mm 直流电压 0.01V/mm 直流电流 0.01A/mm

时间(ms) −80 −30 20 190 240 290 340 390 440 490 540 590

84.916
17− 主变压器高压侧电压 _Ua
−84.936
85.029
18− 主变压器高压侧电压 _Ub
−85.091
85.153
19− 主变压器高压侧电压 _Uc
−85.153
8.111
20− 主变压器高压侧电压 _3U0
−9.976
16.609
25− 变压器高压侧电流 Ia
−6.975
9.738
26− 变压器高压侧电流 Ib
−5.421
8.391
27− 变压器高压侧电流 Ic
−20.252
4.368
28− 变压器高压侧电流 3I0
1.537

时间(ms) −80 −30 20 190 240 290 340 390 440 490 540 590

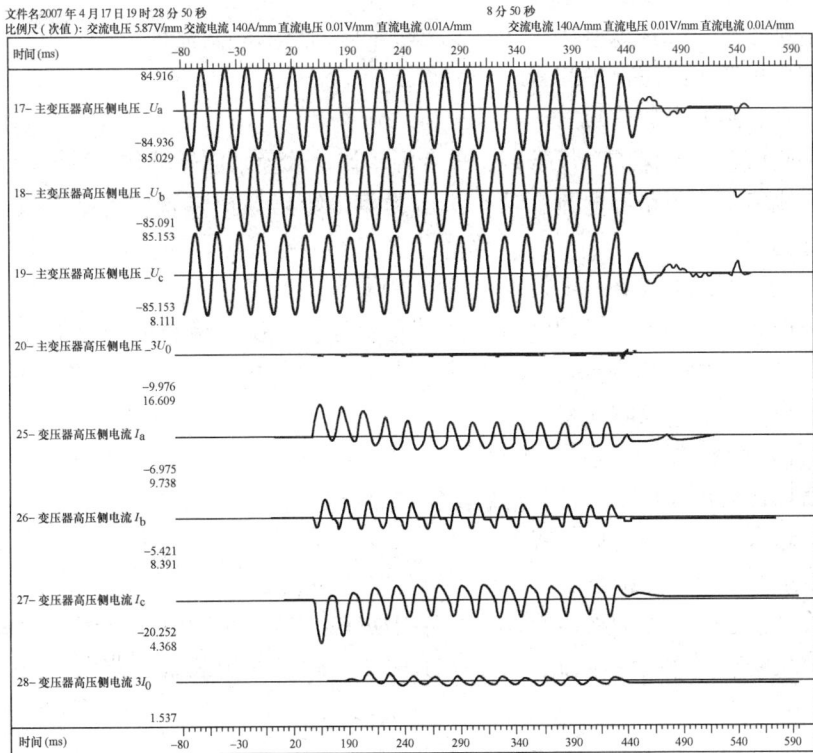

图 7-26 空投主变压器时的励磁涌流波形图

（1）涌流波形偏于时间轴的一侧，含有大量的非周期分量。

（2）含有大量的高次谐波，二次谐波分量较大。

（3）涌流波形之间至少有一相存在间断角。

（4）涌流在初始阶段数值较大，以后逐渐衰减。

（5）电压不会发生变化。

当空投主变压器时，若差动保护动作，应根据故障波形变化特征及数据区分是励磁涌流跳闸，还是励磁涌流叠加变压器匝间故障跳闸，同时还应检查保护启动、动作出口情况，以及是否伴有非电气量保护动作等。

7.6 保护动作录波信息归结案例

本节仅以 110kV 线路的部分保护动作录波信息进行归结说明，其他保护动作信号信息可以参考此方法进行归结。

【例 7 - 1】 分相差动保护动作

信息含义：线路纵差保护动作发出跳本侧断路器跳闸命令。

信息来源：线路保护装置。

信息类别：事故信息。

关联信息：①保护动作告警、重合闸动作、故障录波器动作告警、断路器变位；②线路本侧断路器电流、功率指示为零，线路保护装置"跳闸"及"重合闸"灯亮。

产生原因：本线路发生接地、短路故障。

处理原则：①检查保护装置动作信息及运行情况，检查故障录波器动作情况；②检查本线路断路器间隔设备有无异常；③由相关人员检查线路及用户侧设备，排除故障点后及时恢复送电。

【例 7 - 2】 零序差动保护动作

信息含义：线路零序纵差保护动作发出跳本侧断路器跳闸命令。

信息来源：线路保护装置。

信息类别：事故信息。

关联信息：①保护动作告警、重合闸动作、故障录波器动作告警、断路器变位；②线路本侧断路器电流、功率指示为零，线路保护装置"跳闸"及"重合闸"灯亮。

产生原因：本线路发生接地故障。

处理原则：①检查保护装置动作信息及运行情况，检查故障录波器动作情况；②检查本线路断路器间隔设备有无异常；③由相关人员检查线路及用户侧设备，排除故障点后及时恢复送电。

【例 7 - 3】 接地距离保护 I 段保护动作

信息含义：线路保护动作发出跳本侧断路器跳闸命令。

信息来源：线路保护装置。

信息类别：事故信息。

关联信息：①保护动作告警、重合闸动作、故障录波器动作告警、断路器变位；②线路本侧断路器电流、功率指示为零，线路保护装置"跳闸"及"重合闸"灯亮。

产生原因：本线路发生接地故障。

处理原则：①检查保护装置动作信息及运行情况，检查故障录波器动作情况；②检查本线路断路器间隔设备有无异常；③由相关人员检查线路及用户侧设备，排除故障点后及时恢复送电。

【例 7 - 4】 手合加速保护动作

信息含义：手合于故障线路时，线路保护动作发出跳本侧断路器跳闸命令。

信息来源：线路保护装置

信息类别：事故信息。

关联信息：①保护动作告警、重合闸动作、故障录波器动作告警、断路器变位；②线路本侧断路器电流、功率指示为零，线路保护装置"跳闸"灯亮，重合闸充电指示为未充电状态。

产生原因：手合于线路故障。

处理原则：①检查保护装置动作信息及运行情况，检查故障录波器动作情况；②检查本线路断路器间隔设备有无异常；③由相关人员检查线路及用户侧设备，排除故障点后及时恢复送电。

【例 7-5】 距离 II 段加速保护动作

信息含义：重合于故障线路时，线路保护发出跳本侧断路器跳闸命令。

信息来源：线路保护装置。

信息类别：事故信息。

关联信息：①保护动作告警、重合闸动作、故障录波器动作告警、断路器变位；②线路本侧断路器电流、功率指示为零，线路保护装置"跳闸"及"重合闸"灯亮，重合闸充电指示为未充电状态。

产生原因：①本线路发生永久性接地、短路故障；②下一级线路或相邻元件发生永久性接地、短路故障后，故障未切除。

处理原则：①检查保护装置动作信息及运行情况，检查故障录波器动作情况；②检查本线路断路器间隔设备有无异常；③检查保护装置及相关二次回路；④由相关人员检查线路及用户侧设备，排除故障点后及时恢复送电。

【例 7-6】 零序过电流 I 段保护动作

信息含义：线路保护动作发出跳本侧断路器跳闸命令。

信息来源：线路保护装置。

信息类别：事故信息。

关联信息：①保护动作告警、重合闸动作、故障录波器动作告警、断路器变位；②线路本侧断路器电流、功率指示为零，线路保护装置"跳闸"及"重合闸"灯亮。

产生原因：本线路发生接地故障。

处理原则：①检查保护装置动作信息及运行情况，检查故障录波器动作情况；②检查本线路断路器间隔设备有无异常；③由相关人员检查线路及用户侧设备，排除故障点后及时恢复送电。

【例 7-7】 零序加速段保护动作

信息含义：手合或重合于故障线路时，线路保护发出跳本侧断路器跳闸命令。

信息来源：线路保护装置。

信息类别：事故信息。

关联信息：①保护动作告警、重合闸动作、故障录波器动作告警、断路器变位；②线路本侧断路器电流、功率指示为零，线路保护装置"跳闸"及"重合闸"灯亮，重合闸充电指示为未充电状态。

产生原因：①本线路发生永久性接地故障；②下一级线路或相邻元件发生永久性接地故障，故障未切除。

处理原则：①检查保护装置动作信息及运行情况，检查故障录波器动作情况；②检查本线路断路器间隔设备有无异常；③检查保护装置及相关二次回路；④由相关人员检查线路及用户侧设备，排除故障点后及时恢复送电。

【例 7 - 8】 重合闸动作

信息含义：线路保护装置发出跳本侧断路器合闸命令。

信息来源：线路保护装置。

信息类别：事故信息。

关联信息：①保护动作告警、重合闸动作、故障录波器动作告警、断路器变位；②线路保护装置"跳闸"及"重合闸"灯亮。

产生原因：①线路发生故障，保护动作，断路器跳闸后，保护装置令断路器再次合闸；②断路器发生偷跳后，保护装置令断路器再次合闸。

处理原则：①检查保护装置动作信息及运行情况，检查故障录波器动作情况；②检查跳闸断路器三相位置及断路器间隔设备有无异常；③检查保护装置及相关二次回路。

本章思考题

1. 如何读取故障波形图中准确事件的时间？
2. 写出根据故障录波图计算短路电流和电压的公式。
3. 画出线路正、反向单相接地故障电流、电压的相量图。
4. 如何根据故障录波图区分母线区内外故障？
5. 如何根据故障录波图区分主变压器区内外故障？
6. 电力系统常见的非正弦电气波形有哪些？
7. 励磁涌流特点有哪些？
8. 励磁涌流对继电保护有何影响？
9. 请对本章未涉及的故障信息进行归结。

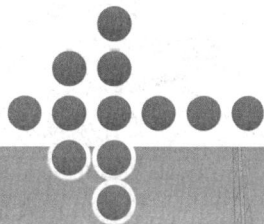

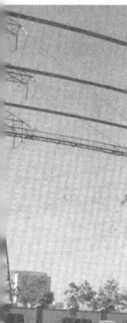

8

变电站继电保护工作票及二次安全技术措施单

8.1 概　　述

工作票是指在电气设备上进行工作之前，必须填写的书面文档或者电子文档；是准许在电气设备上进行工作的书面许可文件；是明确安全职责、实施保证安全的技术措施、向工作人员进行安全交底，以及履行工作许可、工作间断、转移和终结手续的书面依据；同时也是保证工作人员生命安全的重要组织保障措施之一。通过工作票来约束和规范现场工作人员的行为，使现场生产全过程达到安全可控、在控和能控。工作票是检修、运行人员共同持有、共同强制遵守的书面安全约定。执行工作票是在电气设备上工作时保证人身、设备安全的重要措施，应按要求认真执行。因此，刚入职新员工学习如何正确地填写工作票及二次安全技术措施单具有重要意义。本章主要以变电继电保护工作为例阐述变电继电保护工作票及二次安全技术措施单的填写方法，其他关于工作票的内容可参考 GB 26860—2011《电力安全工作规程　发电厂和变电站电气部分》。

8.2 工作票填写常用术语和定义

8.2.1 术语

电气工作票是指在已经投入运行的电气设备上及电气场所工作时，明确工作人员，交待工作任务和工作内容，实施安全技术措施，履行工作许可、工作监护、工作间断、转移和终结的书面依据。

工作票签发人是指确认工作必要性、工作人员安全资质和工作票上所填安全措施是否正确完备的审核签发人员。

工作负责人是指组织、指挥工作班人员完成本项工作任务的责任人员。

工作监护人是指不参与具体工作，负责监督和看护工作成员的工作行为是否符合安全标准的责任人员。

值班负责人（值长）是指变电站（发电厂）当值运行的指挥者，是掌握变电站（发电厂）电气设备运行状态，负责受理工作票，对工作范围内现场安全措施负责的人员。

工作许可人是指变电站（发电厂）当值的运行人员，是在值班负责人的指挥下完成各项安全措施，负责办理工作许可、中断、转移和终结手续的人员。

工作班人员是指参与该项工作的工作成员。

外单位人员是指与设备所属单位无直接行政隶属关系，从事非生产运行职责范围内工作的设备、设施维护的工作人员或基建施工人员。

双签发是指外单位人员在变电站（发电厂）办理工作票，工作票已经过本单位工作票签发人签发，再由变电站（发电厂）或主管部门的工作票签发人审核签发（即会签）的程序。双签发时变电站（发电厂）或主管部门的工作票签发人也称为工作票会签人。

一次设备是指直接执行电网中发电、输电、变电、配电主要工作任务的设备，包括生产和转换电能的设备、接通或断开电路的开关电器、限制故障电流和防御过电压的电器、接地装置及载流导体。

二次设备是指确保电网和一次设备的安全、稳定运行，完成对一次设备运行测量、监视、控制和保护工作的设备总称。

一个电气连接部分是指在电气装置的一个单元中，用隔离开关和其他元件截然分开的部分，以及相应的二次部分。

双重命名按有关规定确定电气设备的中文名称和编号。

计划工作时间是指不包括设备停、送电操作及安全措施实施时间的设备检修时间。

事故抢修指设备、设施发生事故或出现紧急状况时，为迅速恢复正常运行而对故障或异常的设备、设施进行处理的工作（不含事故后转为检修的工作）。

8.2.2　操作常用词

合上是指通过人工操作将各种断路器、隔离开关由分闸位置转为合闸位置的操作。

断开是指通过人工操作将各种断路器、隔离开关由合闸位置转为分闸位置的操作。

装设地线是指通过接地短路线使电气设备全部或部分可靠接地的操作。

拆除地线是指将接地短路线从电气设备上取下并脱离接地的操作。

投入或停用、切换、退出是指使继电保护、安全自动装置、故障录波装置、变压器有载调压分接头、消弧线圈分接头等设备达到指令状态的操作。

取下或投上是指将熔断器退出或嵌入工作回路的操作。

投上或切除是指将二次回路的连接片接入或退出工作回路的操作。

插入或拔出是指将二次插件嵌入或退出工作回路的操作。

悬挂或取下是指将临时标示牌放置到指定位置或从放置位置移开的操作。

8.2.3 设备状态定义

1. 一次设备状态

（1）运行状态。设备或电气系统带有电压，功能有效。母线、线路、断路器、变压器、电抗器、电容器及电压互感器等一次电气设备的运行状态，是指从该设备电源至受电端的电路接通并有相应电压（无论是否带有负荷），且控制电源、继电保护及自动装置正常投入。

（2）热备用状态。该设备已具备运行条件，经一次合闸操作即可转为运行状态的状态。母线、变压器、电抗器、电容器及线路等电气设备的热备用状态，是指连接该设备的各侧均无安全措施，各侧的断路器全部在断开位置，且至少有一组断路器各侧的隔离开关处于合上位置，设备继电保护投入，断路器的控制、合闸及信号电源投入。断路器的热备用是指其本身在断开位置、各侧隔离开关在合闸位置，设备继电保护及自动装置满足带电要求。

（3）冷备用状态。连接该设备的各侧均无安全措施，且连接该设备的各侧均有明显断开点或可判断的断开点。

（4）检修状态。连接设备的各侧均有明显的断开点或可判断的断开点，需要检修的设备已是接地的状态，或该设备与系统彻底隔离，与断开点设备没有物理连接时的状态。在该状态下设备的保护和自动装置、控制、合闸及信号电源等均应退出。

2. 二次设备状态

（1）运行状态。设备的工作电源投入，出口连接片连接到指令回路的状态。

（2）热备用状态。设备的工作电源投入，出口连接片断开时的状态。

（3）冷备用状态。设备的工作电源退出，出口连接片断开时的状态。

（4）检修状态。该设备与系统彻底隔离，与运行设备没有物理连接时的状态。

8.3 工作票的选用

变电站继电保护类工作最常用的工作票有变电站第一种工作票和变电站第二种工作票两种。

8.3.1　填写变电站第一种工作票的工作

（1）在高压设备上需要全部停电或部分停电的工作。

（2）在电气场所工作需要高压设备全部停电或部分停电的工作。

（3）进行继电保护或测控装置及二次回路等工作时，需将高压设备停电的工作。

8.3.2　填写变电站第二种工作票的工作

（1）带电作业和在带电设备外壳上的工作。

（2）控制盘、低压配电盘和配电箱上的工作。

（3）在继电保护装置、测控装置、通信通道、自动化设备、自动装置及二次回路上工作，无需将高压设备停电的工作。

（4）转动中的发电机、调相机的励磁回路或高压电动机转子电阻回路上的工作。

（5）非当值值班人员用绝缘棒和电压互感器定相或用钳型电流表测量高压回路电流的工作。

8.4　工作票填写说明

8.4.1　变电站继电保护工作第一种工作票

变电站第一种工作票见表8-1。

表8-1　　　　　Ⓐ　　　变电站第一种工作票

| | | | | | 盖章处 |

Ⓑ 编号：_____

		Ⓒ	Ⓓ		Ⓔ	
工作负责人：_____ 单位和班组：_____					计划工作时间	自__年__月__日__时__分 至__年__月__日__时__分

工作班人员：_____ Ⓕ

Ⓖ 共___人

工作任务：_____ Ⓗ

工作地点：_____ Ⓘ

工作要求的安全措施 Ⓙ	应断开断路器和隔离开关（注明编号） Ⓙ-1	
	断路器：_____ Ⓙ-2	隔离开关：_____
	应投切相关直流电源（空气开关、熔断器、连接片）、低压及二次回路：	
	应合接地开关（注明编号）、装设接地线（注明确实地点）、应设绝缘挡板：	
	应设遮栏、应挂标示牌（注明位置）：_____ Ⓙ-3 Ⓙ-4 Ⓙ-5	
	线路对侧安全措施，要求线路对侧接地（是/否）：_____ Ⓙ-6	
	需办理二次设备及回路工作安全技术措施单（是/否）：_____，共_____张	

140

签发 (K)(L)(M)	工作票签发人签名：_____ 工作票会签人签名：_____
接收	收到工作票时间：___年__月__日__时__分 值班负责人签名：_____

工作许可 (N)

满足工作要求的安全措施（是/否）：_____ (N-1)

需补充或调整的安全措施： (N-2)

线路对侧的安全措施：经调度员_____（姓名）确认线路对侧已按要求执行 (N-3)

工作地点保留的带电部位 (N-4)
带电的母线、导线：
带电的隔离开关：
其他：

其他安全注意事项： (N-5)
(N-6) 现场满足工作要求时间：_____年___月___日___时___分 (N-7)
工作许可人签名：_____ 工作负责人签名：_____

工作负责人变更 (O)

工作票签发人（签名）：_____同意变更，时间：___年___月___日___时___分
原工作负责人签名：_____ 现工作负责人签名：_____
工作许可人签名：_____

延期 (P)

有效期延长到：_____年___月___日___时___分
工作负责人签名：_____ 值班负责人签名：_____

工作间断 (Q)

工作间断时间	负责人	许可人	工作开始时间	许可人	负责人
___月___日___时___分			___月___日___时___分		
___月___日___时___分			___月___日___时___分		
___月___日___时___分			___月___日___时___分		

增加工作内容 (R)

不需变更安全措施下增加的工作项目：
工作负责人签名：_____ 工作许可人签名：_____

工作终结 (S)

_____年___月___日___时___分结束，临时措施拆除，已恢复到工作开始前状态
工作负责人签名：_____ 工作许可人签名：_____

工作票终结 (T)

接地线共_____组已拆除，接地开关_____共_____把已拉开
_____年___月___日___时___分 值班负责人签名：_____

注：(U)

8.4.2 第一种工作票填写说明

如表 8-1 所示，第一种工作票填写说明如下：

A——站（厂）名。填写工作地点所在的变电站（发电厂）名称和电压等级。

B——编号。工作票编号，由工作许可人在现场按规定的要求填写。

C——工作负责人。填写该项工作的工作负责人姓名。

D——单位和班组。填写工作负责人所在单位和班组名称，班组与变电站属于同一主管单位的不必填单位名称；工作成员有其他班组人员参加时，用括号将参加工作的其他班组在后面注明。

E——计划工作时间。填写应在调度批准的停电检修时间范围内，不包括停送电操作所需的时间。一张工作票最长工作时间不超过 15 天，时间按照公历的年、月、日和 24 小时制填写。

F——工作班人员。一个工作组时，填写本工作组的全体人员姓名，工作负责人不用重复填写；多个工作组时，填写工作组负责人姓名并注明该工作组人数，工作负责人兼任一个工作组负责人时，重复填写该工作负责人员姓名。

G——共＿＿＿人。填写包括工作负责人在内的所有工作人员的总数。

H——工作任务。填写该项目工作任务的名称，概括说明设备检修、试验及设备更改、安装、拆除等项目。其中断路器、隔离开关填写双重编号；主变压器、母线、构架、线路及其他设备上工作填写电压等级和设备名称。

I——工作地点。填写实际工作主要场所。其中断路器、隔离开关填写双重编号；主变压器、母线、构架、线路及其他设备上工作填写电压等级和设备名称。

J——工作要求的安全措施。第一种工作票的安全措施如下：

J-1——应断开断路器和隔离开关（注明编号）。包括填票时已断开的断路器和隔离开关。断路器与隔离开关分别填写，只填写设备编号，不填设备名称；新建、扩建工程设备变更未定编号时，可以使用设备名称。

J-2——应投切相关直流电流（空气开关、熔断器、连接片）、低压及二次回路。填写投切直流电源（空气开关、熔断器、连接片）、联锁开关、"远方/就地"选择开关、低压及二次回路的名称和状态。

J-3——应合接地开关（注明编号）、装设接地线（注明确实地点）、应设绝缘挡板。接地开关只填编号；接地线注明装设处的位置、装设组数；绝缘挡板注明装设处的位置。

J-4——应设遮栏、应挂标示牌（注明位置）。需写明在什么地方（设备）设置遮栏（或围栏）和悬挂标示牌。

J-5——线路对侧安全措施，要求线路对侧接地（是/否）。需要时填写

"是"，不需要时填写"否"。

J-6——需办理二次设备及回路工作安全技术措施单（是/否），及其张数。需要时填写"是"，并注明张数，不需要时填写"否"。

K——工作票签发人。由签发人填写姓名签发。

L——工作票会签人。由工作票会签人填写姓名会签。第三种工作票不用签发。

M——接收。由接收并审核该工作票的值班负责人填写姓名及接收时间。

N——工作许可。第一种工作票的工作许可如下：

N-1——是否满足工作要求的安全措施。如果满足填写"是"，不满足填写"否"。

N-2——需补充或调整的安全措施。应注明变动情况。

N-3——线路对侧的安全措施。经调度员（姓名）确认线路对侧已按要求执行，由值班负责人填写该调度员姓名。

N-4——工作地点保留的带电部位。应填写工作地点的带电设备。

N-5——其他安全注意事项。填写工作地点相邻的带电或运行设备及提醒工作人员工作期间有关安全注意事项。

N-6——工作许可人签名。确认上述安全措施的值班员填写姓名。

N-7——工作负责人签名。认可上述安全措施满足工作要求的工作负责人填写姓名。

O——工作负责人变更。同意变更的工作票签发人填写姓名，原工作负责人、现工作负责人、工作许可人填写姓名、交接时间。

P——延期。填写延期时间，办理延期手续的工作负责人、值班负责人填写姓名。

Q——工作间断。填写每次工作间断及工作开始时间，办理手续的工作负责人、值班负责人以及工作许可人填写姓名。

R——增加工作内容。在不需要变更安全措施下增加的工作项目处，填写增加的工作项目，办理手续的工作负责人、工作许可人填写姓名。

S——工作终结。填写工作终结时间，办理验收、终结手续的工作负责人、工作许可人填写姓名。

T——工作票终结。安全措施全部清理完毕，填写接地线组数、接地开关编号及数目，值班负责人填写姓名、工作终结时间。

U——注。填写工作票签发人、工作许可人、工作负责人在办理工作票过程需要双方交代的工作及注意事项。

8.4.3 变电站继电保护工作第二种工作票

变电站第二种工作票见表8-2。

表8-2 _____变电站第二种工作票

盖章处

编号：_____

工作负责人：_____ 单位和班组：_____		计划工作时间	自__年__月__日__时__分 至__年__月__日__时__分

工作班人员：

共　人

工作任务：

工作地点：

工作要求的安全措施 (W)	工作条件 (W-1)	相关高压设备状态：
		相关直流、低压及二次回路状态：(W-2)
	应投切相关直流电源（空气开关、熔断器、连接片）、低压及二次回路：	
	应设遮栏、应挂标示牌（注明位置）：(W-3)	
	需办理二次设备及回路工作安全技术措施单（是/否）：_____，共_____张。(W-4)	

签发	工作票签发人签名：_____工作票会签人签名：_____
接收	收到工作票时间：____年___月___日___时___分　值班负责人签名：_____

工作许可 (X)	满足工作要求的安全措施（是/否）：_____ (X-1) 需补充的安全措施：
	工作地点应注意的带电部位或运行设备：(X-2)
	其他安全注意事项：(X-3) 现场满足工作要求时间：_____年___月___日___时___分 工作许可人签名：_____ (X-4) 工作负责人签名：_____ (X-5)

工作负责人变更	工作票签发人（签名）：_____ 同意变更，时间：_____年___月___日___时___分 原工作负责人签名：_____ 现工作负责人签名：_____ 工作许可人签名：_____

延期	有效期延长到：_____年___月___日___时___分 工作负责人签名：_____ 值班负责人签名：_____

工作间断	工作间断时间	负责人	许可人	工作开始时间	许可人	负责人
	___月___日___时___分			___月___日___时___分		
	___月___日___时___分			___月___日___时___分		
	___月___日___时___分			___月___日___时___分		

增加工作内容	不需变更安全措施下增加的工作项目： 工作负责人签名：＿＿＿＿＿＿　　工作许可人签名：＿＿＿＿＿＿
工作终结	＿＿＿年＿＿月＿＿日＿＿时＿＿分结束，临时措施拆除，已恢复到工作开始前状态 工作负责人签名：＿＿＿＿＿＿　　工作许可人签名：＿＿＿＿＿＿
注：	

8.4.4　第二种工作票填写说明

由于一、二种工作票有许多相同之处，下面仅将不同的地方进行说明，相同部分参见 8.4.2 第一种工作票填写说明。

W——工作要求的安全措施。第二种工作票的安全措施如下：

W-1——工作条件。相关高压设备状态需满足工作要求，一般是指高压设备不停电或不需要停电；相关直流、低压及二次回路状态需满足工作要求，被检修设备工作时应处状态，一般是指被检修设备不停电或停电。

W-2——应投切相关直流电源（空气开关、熔断器、连接片）、低压及二次回路。填写投切直流电源（空气开关、熔断器、连接片）、联锁开关、"远方/就地"选择开关、低压及二次回路的名称和状态。

W-3——应设遮栏、应挂标示牌（注明位置）。写明在什么地方（设备）设置遮栏（或围栏）和悬挂标示牌。

W-4——是否需办理二次设备及回路工作安全技术措施单（是/否），及其张数。需要时填写"是"，并注明张数，不需要时填写"否"。

X——工作许可。第二种工作票的工作许可如下：

X-1——是否满足工作要求的安全措施（是/否），满足时填写"是"，不满足时填写"否"。需要补充或调整的，应注明变动情况。

X-2——工作地点应注意的带电部位或运行设备。填写工作地点的带电部位及运行设备名称。

X-3——其他安全注意事项。填写工作地点相邻的带电或运行设备及提醒工作人员工作期间有关安全注意事项。

X-4——工作许可人签名。确认上述安全措施的值班员填写姓名。

X-5——工作负责人签名。认可上述安全措施满足要求的工作负责人填写姓名。

8.5　工作票填写实例

220kV 某变电站接线如图 8-1 所示。220kV 侧一次主接线为双母线接线方式，母线保护配置为一套 RCS - 915 装置；220kV 甲线 4231 挂 Ⅰ 母线运行，保护双重化配置（RCS - 931＋RCS - 902）；母联断路器合位运行；1 号主变压器 220kV 侧挂 Ⅱ 母线运行，保护为双重化配置，型号均为 RCS - 978；1 号主变压器 110kV 中压侧为单母线运行；1 号主变压器 10kV 低压侧为单母线双分支运行，各侧二次回路均为标准配置。

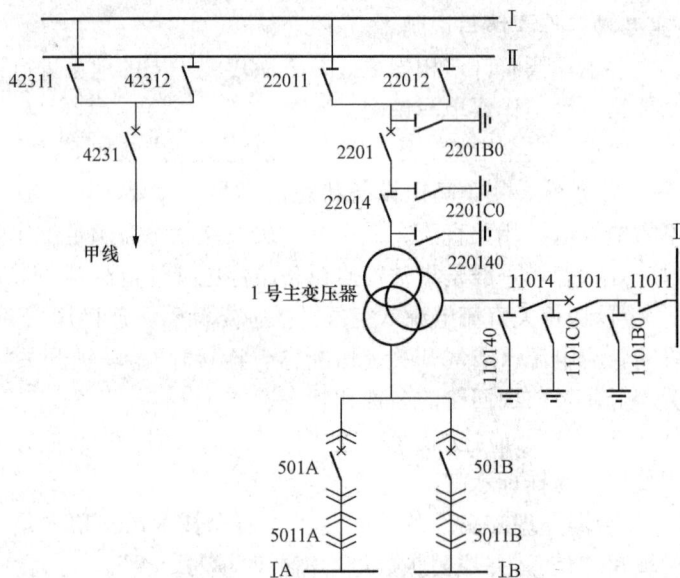

图 8 - 1　220kV 某变电站接线

8.5.1　填写甲线 RSC - 931 保护屏修改定值工作票

由于执行定值的过程中，存在误整定的可能性，定值不正确可能造成保护拒动或误动。因此，在修改定值的过程中，需将定值打印出来与新定值单逐项核对，确认核对无误后才能将保护装置投入运行；另外，在整个定值更改过程中可能会出现保护装置失电、装置故障等异常现象，这将导致保护装置拒动或误动，保护装置在定值更改期间，处于非正常运行状态。为了防止在此期间保护装置发生拒动或误动事故，在更改定值之前，必须退出保护出口连接片，将保护装置退出运行，待装置内部固化后的新定值打印出来，与新定值单逐项核对无误后方可投入保护连接片，将保护投入运行。填写第二种工作票的目的在于确保进行定值更改工作前，运行人员已将相关的保护装置退出运行，以保证定值执行过程中本装置不会对系统产生影响。

甲线 RSC - 931 保护屏修改定值工作票见表 8 - 3。

表 8 - 3　　　　　　　　甲线 RSC - 931 保护屏修改定值工作票

盖章处

220kV×× 变电站第二种工作票

编号：＿＿＿＿＿＿＿

工作负责人：　胡×× 单位和班组：××供电局/继保一班	计划工作时间	自2013 年05 月31 日00 时00 分 至2013 年05 月31 日23 时59 分

工作班人员：高××

共＿＿＿＿人

工作任务：220kV 甲线 4231 主 I 保护定值更改

工作地点：85P 220kV 甲线 4231 线路保护屏（I）

工作要求的安全措施	工作条件	相关高压设备状态：无要求
		相关直流、低压及二次回路状态：无要求
	应投切相关直流电源（空气开关、熔断器、连接片）、低压及二次回路： 退出 85P 220kV 甲线 4231 线路保护屏（I）下列连接片：1XB1 A 相跳闸出口 I，1XB2 B 相跳闸出口 I，1XB3 C 相跳闸出口 I，1XB9 A 相失灵启动（至母差 1），1XB10 B 相失灵启动（至母差 1），1XB11 C 相失灵启动（至母差 1）	
	应设遮栏、应挂标示牌（注明位置）： 在 85P 220kV 甲线 4231 线路保护屏（I）前后悬挂"在此工作！"标示牌，并在其相邻及对面运行屏前后悬挂"设备在运行中"红布帘	
	需办理二次设备及回路工作安全技术措施单（是/否）：否，共零张	
签发	工作票签发人签名：　刘×× 工作票会签人签名：	
接收	收到工作票时间：2013 年05 月30 日19 时59 分　值班负责人签名：王××	
工作许可	满足工作要求的安全措施（是/否）：＿＿＿＿＿＿＿ 需补充的安全措施：	
	工作地点应注意的带电部位或运行设备：	
	其他安全注意事项： 现场满足工作要求时间：＿＿＿年＿＿月＿＿日＿＿时＿＿分 工作许可人签名：＿＿＿＿＿＿　工作负责人签名：＿＿＿＿＿＿	
工作负责人变更	工作票签发人（签名）：＿＿＿　同意变更，时间：＿＿年＿＿月＿＿日＿＿时＿＿分 原工作负责人签名：＿＿＿＿＿现工作负责人签名：＿＿＿＿＿ 工作许可人签名：＿＿＿＿＿	
延期	有效期延长到：＿＿＿年＿＿月＿＿日＿＿时＿＿分 工作负责人签名：＿＿＿＿＿＿　值班负责人签名：＿＿＿＿＿＿	

	工作间断时间		负责人	许可人	工作开始时间		许可人	负责人
工作间断	___月___日___时___分				___月___日___时___分			
	___月___日___时___分				___月___日___时___分			
	___月___日___时___分				___月___日___时___分			
增加工作内容	不需变更安全措施下增加的工作项目： 工作负责人签名：_____　　工作许可人签名：_____							
工作终结	___年___月___日___时___分结束，临时措施拆除，已恢复到工作开始前状态 工作负责人签名：_____　　工作许可人签名：_____							

注：

8.5.2 填写 220kV 母线保护定检工作票

由于母线保护动作时，会切除故障母线上所有的断路器，对系统的安全、稳定运行影响很大。因此，母线保护一旦投入运行，就很难有全面停电的机会进行检验。南方电网《继电保护及安全自动装置检验条例》中指出："母线差动、断路器失灵保护及安全自动装置中投切发电机组、切负荷的跳合断路器的实验，允许用导通方法分别证实每个断路器接线的正确性。"因此，220kV 母线保护定检工作通常采用第二种工作票，在保护屏断开与运行间隔的联系后，通过校验保护逻辑和测量出口连接片电位的方式，来验证保护装置功能的正确性。

由图 8-1 可知，正常运行时，220kV 母线上的 220kV 甲线 4231 间隔、1 号主变压器高压侧 2201 间隔以及母联 2012 间隔均在运行状态。因此，在 220kV 母线保护定检工作前，须确保以上 3 个间隔的跳闸回路、电流回路与 220kV 母线保护装置隔离，防止出现误传动运行间隔开关，或误加电流量到运行间隔的状况出现。

220kV 母线保护定检工作票见表 8-4。

表 8-4　　　　　　　　220kV 母线保护定检工作票

盖章处

220kV×× 变电站第二种工作票

编号：_____

工作负责人：　宋××		计划工作时间	自2011 年05 月25 日09 时00 分
单位和班组：　××供电局/继保一班			至2011 年05 月26 日18 时00 分
工作班人员：周×× 陈××			
			共_____人
工作任务：220kV 第一套母线保护定检			

工作地点：90P 220kV 母线保护屏（Ⅰ）

<table>
<tr><td rowspan="5">工作要求的安全措施</td><td rowspan="2">工作条件</td><td>相关高压设备状态：无要求</td></tr>
<tr><td>相关直流、低压及二次回路状态：无要求</td></tr>
<tr><td colspan="2">应投切相关直流电源（空气开关、熔断器、连接片）、低压及二次回路：
在 90P 220kV 母线保护屏（Ⅰ）退出以下连接片：220kV 母联 2012 开关出口—XB11；1 号主变压器高压侧 2201 开关跳闸出口—XB12；220kV 甲线 4231 开关跳闸出口—XB16；1 号主变压器高压侧 2201 开关失灵跳三侧 XB27</td></tr>
<tr><td colspan="2">应设遮栏、应挂标示牌（注明位置）：
在 90P 220kV 母线保护屏（Ⅰ）处悬挂"在此工作！"标示牌，并在其相邻运行屏前后悬挂"设备在运行中"红布帘</td></tr>
<tr><td colspan="2">需办理二次设备及回路工作安全技术措施单（是/否）：__是__，共__壹__张</td></tr>
<tr><td>签发</td><td colspan="2">工作票签发人签名：__刘××__　工作票会签人签名：_____</td></tr>
<tr><td>接收</td><td colspan="2">收到工作票时间：<u>2011</u> 年 <u>05</u> 月 <u>24</u> 日 <u>11</u> 时 <u>25</u> 分　值班负责人签名：<u>苏××</u></td></tr>
<tr><td>工作许可</td><td colspan="2">满足工作要求的安全措施（是/否）：_____
需补充的安全措施：
工作地点应注意的带电部位或运行设备：

其他安全注意事项：
现场满足工作要求时间：_____年___月___日___时___分
工作许可人签名：_____　工作负责人签名：_____</td></tr>
<tr><td>工作负责人变更</td><td colspan="2">工作票签发人（签名）：_____　同意变更，时间：_____年___月___日___时___分
原工作负责人签名：_____　现工作负责人签名：_____
工作许可人签名：_____</td></tr>
<tr><td>延期</td><td colspan="2">有效期延长到：_____年___月___日___时___分
工作负责人签名：_____　值班负责人签名：_____</td></tr>
</table>

<table>
<tr><td rowspan="4">工作间断</td><td>工作间断时间</td><td>负责人</td><td>许可人</td><td>工作开始时间</td><td>许可人</td><td>负责人</td></tr>
<tr><td>___月___日___时___分</td><td></td><td></td><td>___月___日___时___分</td><td></td><td></td></tr>
<tr><td>___月___日___时___分</td><td></td><td></td><td>___月___日___时___分</td><td></td><td></td></tr>
<tr><td>___月___日___时___分</td><td></td><td></td><td>___月___日___时___分</td><td></td><td></td></tr>
</table>

<table>
<tr><td>增加工作内容</td><td>不需变更安全措施下增加的工作项目：
工作负责人签名：_____　工作许可人签名：_____</td></tr>
<tr><td>工作终结</td><td>_____年___月___日___时___分结束，临时措施拆除，已恢复到工作开始前状态
工作负责人签名：_____　工作许可人签名：_____</td></tr>
<tr><td>注：</td><td></td></tr>
</table>

8.5.3 填写主变压器保护定检工作票

主变压器保护定检工作，需要对各侧断路器进行传动，同时在本体进行非电气量保护定检工作，因此需要将待定检的主变压器各侧与带电设备进行隔离。1号主变压器定检工作，需要与1号主变压器隔离的带电一次设备包括：220kV Ⅰ、220kV Ⅱ、110kV Ⅰ、10kV 1AM、10kV 1BM。同时，对于已停电的设备，如要求转检修状态的，需要将各个没有直接电气连接的部分分别接地。

由图8-1可知，主变压器保护定检工作时，220kV母线上所接的220kV甲线4231间隔、母联2012间隔均在运行状态。因此，在开展主变压器保护定检工作前，需在主变压器保护屏上退出主变压器高压侧断路器失灵启动回路连接片、主变压器保护跳高压侧母联2012断路器回路连接片，防止在主变压器保护调试时造成运行中断路器误跳闸。同时还需将保护装置至各侧母线TV的电压回路隔离，防止在调试过程中出现调试电压波形叠加至其他保护采样回路中，导致保护的误判。

主变压器保护定检工作票见表8-5。

表8-5　　　　　　　　　　主变压器保护定检工作票

盖章处

　220kV××　变电站第一种工作票

编号：＿＿＿＿＿＿

工作负责人：　陈×× 单位和班组：　××供电局/继保一班	计划工作时间	自2013年01月23日09时00分 至2013年01月25日18时00分

工作班人员：周××、乔××、刘××

共＿＿＿＿人

工作任务：1号主变压器保护及测控装置定检

工作地点：69P 1号主变压器保护屏（A）、70P 1号主变压器保护屏（B）、71P 1号主变压器保护屏（C）、10P 1号主变压器测控屏、65P 1号主变压器故障录波屏、61P继电保护试验电源屏、1号主变压器本体及其端子箱、1号主变压器高压侧2201开关汇控柜、1号主变压器中压侧1101开关汇控柜、1号主变压器低压侧501A开关柜、1号主变压器低压侧501B开关柜

工作要求的安全措施	应拉断路器和隔离开关（注明编号）	
	断路器： 2201、1101、501A、501B	隔离开关： 22011、22012、22014、11011、11014。 　将501A开关小车、501B开关小车拉至"试验"位置，将5011A隔离开关小车、5011B隔离开关小车拉至"检修"位置

工作要求的安全措施	应投切相关直流电源（空气开关、熔断器、连接片）、低压及二次回路： （1）将 2201、1101、501A、501B 开关操作控制方式选择 ZK 切换至"就地"位置； （2）在 69P 1 号主变压器保护屏（A）退出以下连接片：1XB16 高压侧启动失灵 1（至母差 1）、1XB17 高压侧启动失灵 2（至母差 2）、1XB20 高压侧解除失灵闭锁 1（至母差 1）、1XB21 高压侧解除失灵闭锁 2（母差 2）、1XB23 跳高压侧母联 2012 开关出口Ⅰ； （3）在 70P 1 号主变压器保护屏（B）退出以下连接片：2XB16 高压侧启动失灵 1（至母差 1）、2XB17 高压侧启动失灵 2（至母差 2）、2XB20 高压侧解除失灵闭锁 1（至母差 1）、2XB21 高压侧解除失灵闭锁 2（至母差 2）、2XB24 跳高压侧母联 2012 开关出口Ⅱ； （4）在 71P 1 号主变压器保护屏（C）退出以下连接片：4XB1 高压侧操作箱三相启动失灵 1（至母差 1）、4XB2 高压侧操作箱三相启动失灵 2（至母差 2）； （5）断开 22011、22012、22014、11011、11014 隔离开关、电动机电源空气开关
	应合接地开关（注明编号）、装设接地线（注明确实地点）、应设绝缘挡板： （1）合上 220140 接地开关； （2）合上 2201B0 接地开关； （3）合上 2201C0 接地开关； （4）合上 110140 接地开关； （5）合上 1101B0 接地开关； （6）合上 1101C0 接地开关； （7）在 1 号主变压器低压侧 10kV 母线桥上装设壹组接地线； 以上共合陆把接地开关，装设壹组接地线
	应设遮栏、应挂标示牌（注明位置）： （1）在 69P 1 号主变压器保护屏（A）、70P 1 号主变压器保护屏（B）、71P 1 号主变压器保护屏（C）、10P 1 号主变压器测控屏、65P 1 号主变压器故障录波器、61P 继电保护试验电源屏前后悬挂"在此工作！"标示牌，并在其相邻及对面运行屏前后悬挂"设备在运行中"红布帘； （2）在 1 号主变压器本体及其端子箱、1 号主变压器高压侧 2201 开关汇控柜、1 号主变压器中压侧 1101 开关汇控柜周围装设临时围栏，围栏上向内悬挂适当数量的"止步，高压危险！"标示牌，并在围栏入口处悬挂"在此工作"标示牌； （3）在 1 号主变压器低压侧 501A 开关柜、1 号主变压器低压侧 501B 开关柜前悬挂"在此工作"标示牌，并在其相邻柜及对面柜悬挂"止步，高压危险"标识牌； （4）在 2201、1101、501A、501B 开关操作控制把手、22011、22012、22014、11011、11014 隔离开关操作把手、501A 开关小车、501B 开关小车、5011A 隔离开关小车、5011B 隔离开关小车操作把手上悬挂"禁止合闸，有人工作"标示牌
	线路对侧安全措施：要求线路对侧接地（是/否）：___否___
	需办理二次设备及回路工作安全技术措施单（是/否）：___是___，共 __伍__ 张
签发	工作票签发人签名：___刘××___ 工作票会签人签名：_____
接收	收到工作票时间：__2013__ 年 __01__ 月 __22__ 日 __17__ 时 __00__ 分 值班负责人签名：李××___
工作许可	满足工作要求的安全措施（是/否）：_____ 需补充或调整的安全措施：
	线路对侧的安全措施：经调度员_____（姓名）确认线路对侧已按要求执行
	工作地点保留的带电部位	带电的母线、导线： 带电的隔离开关： 其他：

工作许可	其他安全注意事项： 现场满足工作要求时间：＿＿＿年＿＿月＿＿日＿＿时＿＿分 工作许可人签名：＿＿＿＿＿＿ 工作负责人签名：＿＿＿＿＿＿				
工作负责人变更	工作票签发人（签名）：＿＿＿＿ 同意变更，时间：＿＿＿年＿＿月＿＿日＿＿时＿＿分 原工作负责人签名：＿＿＿＿＿ 现工作负责人签名：＿＿＿＿＿ 工作许可人签名：＿＿＿＿＿				
延期	有效期延长到：＿＿＿年＿＿月＿＿日＿＿时＿＿分 工作负责人签名：＿＿＿＿＿ 值班负责人签名：＿＿＿＿＿				
工作间断	工作间断时间	负责人	许可人	工作开始时间	许可人	负责
	＿＿月＿＿日＿＿时＿＿分			＿＿月＿＿日＿＿时＿＿分		
	＿＿月＿＿日＿＿时＿＿分			＿＿月＿＿日＿＿时＿＿分		
	＿＿月＿＿日＿＿时＿＿分			＿＿月＿＿日＿＿时＿＿分		
增加工作内容	不需变更安全措施下增加的工作项目： 工作负责人签名：＿＿＿＿＿ 工作许可人签名：＿＿＿＿＿				
工作终结	＿＿＿年＿＿月＿＿日＿＿时＿＿分结束，临时措施拆除，已恢复到工作开始前状态 工作负责人签名：＿＿＿＿＿ 工作许可人签名：＿＿＿＿＿				
工作票终结	接地线共＿＿＿组已拆除，接地开关＿＿＿＿＿＿共＿＿＿＿把已拉开 ＿＿＿年＿＿月＿＿日＿＿时＿＿分 值班负责人签名：＿＿＿＿＿				
注：					

8.5.4 填写工作票的其他注意事项

在工作票执行过程中，经常会出现的问题：①工作负责人因故要离开工作现场；②工作周期较长，出现工作间断和转移；③某项工作的工作量估计不足，在规定的时间内难以完成，需要延期。这些问题都要在工作票票面上予以体现。

（1）工作负责人因故要离开工作现场，应指定胜任者临时代替。离开前应交代清楚工作主要任务、现场安全措施、工作班人员情况及其他注意事项，并告知全体工作人员。票面处理：工作负责人因故离开工作现场，经工作票签发人同意，由工作票签发人将变动情况分别通知原工作负责人、现工作负责人和工作许可人，现场工作人员暂停工作；原、现工作负责人交接，确认无问题后分别签名。如工作票签发人在工作现场，则由签发人填写变动时间并签名；如工作票签发人不在工作现场，则由工作票签发人通知工作许可人（或值班负责人），并由该工作许可人（或值班负责人）代替工作票签发人填写变动时间及签名。

现以220kV××变电站1号主变压器保护及测控装置定检工作更换工作负责人为例，原工作负责人为陈××；现工作负责人为周××；工作签发人为刘×

×；值班负责人为李××；工作许可人为王××，见表 8-6。

　　　　　　　　　　　　工作负责人变更表

工作负责人变更	工作票签发人（签名）：<u>刘××</u>同意变更，时间：<u>2013</u>年<u>01</u>月<u>23</u>日<u>15</u>时 <u>20</u>分
	原工作负责人签名：<u>陈××</u>　　　现工作负责人签名：<u>周××</u>
	工作许可人签名：<u>王××</u>

（2）在工作班组工作期间工作间断时，工作班全体人员应从工作现场撤出，所有安全措施保持不动，工作负责人继续保存所持工作票。若当天工作间断后继续工作，无须通过工作许可人。若属多天工作，则每天工作间断时，由工作班人员清扫工作现场，值班人员开放已封闭的通道，工作负责人将所持工作票交回值班员。

每次间断及开始工作均由工作负责人和工作许可人签名并注明时间。同样以 220kV××变电站 1 号主变压器保护及测控装置定检工作为例，工作负责人为陈××；工作许可人为王××，见表 8-7。

表 8-7　　　　　　　　　　　工 作 间 断 表

	工作间断时间	负责人	许可人	工作开始时间	许可人	负责人
工作间断	<u>01</u>月<u>23</u>日<u>18</u>时<u>00</u>分	陈××	王××	__月__日__时__分		
	__月__日__时__分			__月__日__时__分		
	__月__日__时__分			__月__日__时__分		

（3）由于事前对本次工作的工作量估计不足或在工作期间发生其他特殊事件而导致在批准期限内难以完工。工作负责人要确认所列工作任务不能按批准期限完成，第一种工作票应在批准期限前 2h，由工作负责人向值班负责人申请办理延期手续。

延期的工作票，由值班负责人填上延期的时限，经双方签名后生效。一份工工作票，只能办理一次延期手续。如需再次办理，需将原工作票结束，重新办理工作票。以 220kV××变电站 1 号主变压器保护及测控装置定检工作为例，工作负责人为陈××；值班负责人为李××，见表 8-8。

表 8-8　　　　　　　　　　　延　期　表

延期	有效期延长到：<u>2013</u>年<u>01</u>月<u>26</u>日<u>18</u>时<u>00</u>分
	工作负责人签名：<u>陈××</u>　　　值班负责人签名：<u>李××</u>

8.6 二次安全技术措施单填写

8.6.1 二次安全技术措施单填写说明

（1）二次安全技术措施单一式两份，作为工作票必要的补充与工作票同时填写一并使用，一般由工作班人员中熟悉设备情况的人员填写，工作负责人审批。填写应使用统一的调度、操作和继电保护术语。

（2）工作票编号。填写对应工作票的编号。

（3）措施票编号。填写本张措施票的编号。

（4）工作的主要内容包括：

1）电流互感器二次短路接地线的接入与拆除；

2）电压互感器二次端子接线的拆除与接入；

3）直流线、电流线、电压线、联锁跳线、信号线的拆、接以及改线等。

（5）安全措施栏。按照每次工作的具体要求填写。

（6）每张二次安全技术措施单只能填写一个工作任务，当一个工作任务的措施单一页写不完时，可在下面空一行，填入"下接×号措施单页"，每页空白处应用"∫"符号划去或在空白第一行填写"以下空白"的字样。

（7）执行人（恢复人）。工作中实际操作的人员填写姓名，一般是工作班组成员。

（8）监护人。监护操作人员填写姓名，一般是工作负责人。

（9）审批人。审核安全措施内容人员填写姓名，一般是工作负责人。

8.6.2 填写 220kV 母线保护定检安全技术措施单

220kV 母线保护定检安全技术措施实例见表 8-9。

表 8-9　　　　　　220kV 母线保护定检安全技术措施实例

二次设备及回路工作安全技术措施单

工作票编号：				措施单编号：		
序号	执行	时间	安全技术措施内容		恢复	时间
1			在 90P 220kV 母线保护屏（Ⅰ）检查母联 2012 出口连接片 XB11 在退出位置，并用绝缘胶布包好，工作完成后恢复			
2			在 90P 220kV 母线保护屏（Ⅰ）检查 1 号主变压器高压侧 2201 断路器跳闸出口— XB12 连接片在退出位置，并用绝缘胶布包好，工作完成后恢复			

二次设备及回路工作安全技术措施单

工作票编号：				措施单编号：		
序号	执行	时间	安全技术措施内容		恢复	时间
3			在 90P 220kV 母线保护屏（Ⅰ）检查 220kV 甲线 4231 断路器跳闸出口一 XB16 连接片在退出位置，并用绝缘胶布包好，工作完成后恢复			
4			在 90P 220kV 母线保护屏（Ⅰ）检查 1 号主变压器高压侧 2201 断路器失灵跳三侧 XB27 连接片在退出位置，并用绝缘胶布包好，工作完成后恢复			
5			在 90P 220kV 母线保护屏（Ⅰ）后面端子排上，将母联 2012 断路器跳闸出口回路 R133/EML－136a（X5：1）用绝缘胶布包好，工作完成后恢复			
6			在 90P 220kV 母线保护屏（Ⅰ）后面端子排上，将 1 号主变压器高压侧 2201 断路器跳闸出口回路 R133/1B－A142（X5：2）用绝缘胶布包好，工作完成后恢复。			
7			在 90P 220kV 母线保护屏（Ⅰ）后面端子排上，将 220kV 甲线 4231 断路器跳闸出口回路 R133/1E－136a（X5：6）用绝缘胶布包好，工作完成后恢复			
8			在 220kV 母线微机保护屏 A 后面端子排上，将 1 号主变压器失灵联跳三侧出口回路（X5：17）用绝缘胶布包好，工作完成后恢复			
9			在 90P 220kV 母线保护屏（Ⅰ）端子排上短接母联 2012 电流回路 A320A（X12：1）、B320A（X12：2）、C320A（X12：3）、N320（X12：4），工作完成后恢复			
10			在 90P 220kV 母线保护屏（Ⅰ）端子排上短接 1 号主变压器高压侧 2201 电流回路 A320A（X12：7）、B320A（X12：8）、C320A（X12：9）、N320A（X12：10），工作完成后恢复			
11			在 90P 220kV 母线保护屏（Ⅰ）端子排上短接甲线 4231 电流回路 A320A（X12：31）、B320A（X12：32）、C320A（X12：33）、N320A（X12：34），工作完成后恢复			
工作负责人（审批人）			执行人		监护人	
			恢复人		监护人	
注：						

8.6.3 填写主变压器保护定检安全技术措施单

主变压器保护定检安全技术措施实例见表 8-10。

表 8-10 　　　　　　　　主变压器保护定检安全技术措施实例

二次设备及回路工作安全技术措施单

工作票编号：				措施单编号：		
序号	执行	时间	安全技术措施内容		恢复	时间
1			在 1 号主变压器保护屏（A）上检查 1XB16 高压侧启动失灵 1 连接片在退出位置，并用绝缘胶布包好，工作完成后恢复			
2			在 1 号主变压器保护屏（A）上检查 1XB17 高压侧启动失灵 2 连接片在退出位置，并用绝缘胶布包好，工作完成后恢复			
3			在 1 号主变压器保护屏（A）上检查 1XB20 高压侧解除失灵闭锁 1 连接片在退出位置，并用绝缘胶布包好，工作完成后恢复			
4			在 1 号主变压器保护屏（A）上检查 1XB21 高压侧解除失灵闭锁 2 连接片在退出位置，并用绝缘胶布包好，工作完成后恢复			
5			在 1 号主变压器保护屏（A）上检查 1XB23 跳高压侧母联 2012 断路器出口Ⅰ连接片在退出位置，并用绝缘胶布包好，工作完成后恢复			
6			在 1 号主变压器保护屏（B）上检查 2XB16 高压侧启动失灵 1 连接片在退出位置，并用绝缘胶布包好，工作完成后恢复			
7			在 1 号主变压器保护屏（B）上检查 2XB17 高压侧启动失灵 2 连接片在退出位置，并用绝缘胶布包好，工作完成后恢复			
8			在 1 号主变压器保护屏（B）上检查 2XB20 高压侧解除失灵闭锁 1 连接片在退出位置，并用绝缘胶布包好，工作完成后恢复			
9			在 1 号主变压器保护屏（B）上检查 2XB21 高压侧解除失灵闭锁 2 连接片在退出位置，并用绝缘胶布包好，工作完成后恢复			
10			在 1 号主变压器保护屏（B）上检查 2XB24 跳高压侧母联 2012 断路器出口Ⅱ连接片在退出位置，并用绝缘胶布包好，工作完成后恢复			

二次设备及回路工作安全技术措施单

工作票编号：			措施单编号：		
序号	执行	时间	安全技术措施内容	恢复	时间
11			在1号主变压器保护屏（C）上检查4XB1高压侧操作箱三相启动失灵1连接片在退出位置，并用绝缘胶布包好，工作完成后恢复		
12			在1号主变压器保护屏（C）上检查4XB2高压侧操作箱三相启动失灵2连接片在退出位置，并用绝缘胶布包好，工作完成后恢复		
13			在1号主变压器保护屏（A）后端子排上断开至高压侧测控电压A720（1UD1）、B720（1UD2）、C720（1UD3）、N600（1UD5）连接片，用绝缘胶布封住外端子，工作完成后恢复		
14			在1号主变压器保护屏（A）后端子排上断开至中压侧测控电压A710（1UD7）、B710（1UD8）、C710（1UD9）、N600（1UD11）连接片，并用绝缘胶布封住外端子，工作完成后恢复		
15			在1号主变压器保护屏（A）后端子排上断开220kV母线电压A630Ⅰ（1）（1UD26）、B630Ⅰ（1）（1UD27）、C630Ⅰ（1）（1UD28）、L630Ⅰ（1UD29）、A640Ⅰ（1）（1UD31）、B640Ⅰ（1）（1UD32）、C640Ⅰ（1）（1UD33）、L640Ⅰ（1UD34）连接片，并用绝缘胶布封住外端子，工作完成后恢复		
16			在1号主变压器保护屏（A）后端子排上断开110kV母线电压A630Ⅱ（1）（1UD47）、B630Ⅱ（1）（1UD48）、C630Ⅱ（1）（1UD49）、L630Ⅱ（1UD50）、A640Ⅱ（1）（1UD52）、A640Ⅱ（1）（1UD53）、A640Ⅱ（1）（1UD54）、L640Ⅱ（1UD55）连接片，并用绝缘胶布封住外端子，工作完成后恢复		
17			在1号主变压器保护屏（A）后端子排上断开10kV母线电压A640Ⅲ（1UD13）、B640Ⅲ（1UD14）、C640Ⅲ（1UD15）、L640Ⅲ（1UD16）、N600（1UD17）、A650Ⅲ（1UD19）、B650Ⅲ（1UD20）、C650Ⅲ（1UD21）、L650Ⅲ（1UD22）、N600（1UD23）连接片，并用绝缘胶布封住外端子，工作完成后恢复		
18			在1号主变压器保护屏（A）后端子排上将1XB16高压侧启动失灵1回路A23（带框）（1ND3）用绝缘胶布包好，工作完成后恢复		

二次设备及回路工作安全技术措施单

工作票编号：			措施单编号：		
序号	执行	时间	安全技术措施内容	恢复	时间
19			在1号主变压器保护屏（A）后端子排上将1XB17高压侧启动失灵2回路B23（带框）（1ND5）用绝缘胶布包好，工作完成后恢复		
20			在1号主变压器保护屏（A）后端子排上将1XB20高压侧解除失灵闭锁1回路A25（带框）（1ND11）用绝缘胶布包好，工作完成后恢复		
21			在1号主变压器保护屏（A）后端子排上将1XB21高压侧解除失灵闭锁2回路B25（带框）（1ND13）用绝缘胶布包好，工作完成后恢复		
22			在1号主变压器保护屏（A）后端子排上将1XB23跳高压侧母联2012断路器出口Ⅰ回路R133（带框）（1ND17）用绝缘胶布包好，工作完成后恢复		
23			在1号主变压器保护屏（B）后端子排上断开220kV母线电压A630Ⅰ（2）（2UD26）、B630Ⅰ（2）（2UD27）、C630Ⅰ（2）（2UD28）、L630Ⅰ（2UD29）、A640Ⅰ（2）（2UD31）、B640Ⅰ（2）（2UD32）、C640Ⅰ（2）（2UD33）、L640Ⅰ（2UD34）、N600（2UD5）连接片，并用绝缘胶布封住外端子，工作完成后恢复		
24			在1号主变压器保护屏（B）后端子排上断开10kV母线电压A640Ⅲ（2UD13）、B640Ⅲ（2UD14）、C640Ⅲ（2UD15）、L640Ⅲ（2UD16）、N600（2UD17）、A650Ⅲ（2UD19）、B650Ⅲ（2UD20）、C650Ⅲ（2UD21）、L650Ⅲ（2UD22）、N600（2UD23）连接片，并用绝缘胶布封住外端子，工作完成后恢复		
25			在1号主变压器保护屏（B）后端子排上断开110kV母线电压A630Ⅱ（2）（2UD47）、B630Ⅱ（2）（2UD48）、C630Ⅱ（2）（2UD49）、L630Ⅱ（2UD50）、A640Ⅱ（2）（2UD52）、B640Ⅱ（2）（2UD53）、C640Ⅱ（2）（2UD54）、L640Ⅱ（2）（2UD55）、N600（2UD11）连接片，并用绝缘胶布封住外端子，工作完成后恢复		
26			在1号主变压器保护屏（B）后端子排上将2XB16高压侧启动失灵1回路A23（带框）（2ND3）用绝缘胶布包好，工作完成后恢复		

二次设备及回路工作安全技术措施单

工作票编号：			措施单编号：			
序号	执行	时间	安全技术措施内容		恢复	时间
27			在 1 号主变压器保护屏（B）后端子排上将 2XB17 高压侧启动失灵 2 回路 B23（带框）（2ND5）用绝缘胶布包好，工作完成后恢复			
28			在 1 号主变压器保护屏（B）后端子排上将 2XB20 高压侧解除失灵闭锁 1 回路 A25（带框）（2ND11）用绝缘胶布包好，工作完成后恢复			
29			在 1 号主变压器保护屏（B）后端子排上将 2XB21 高压侧解除失灵闭锁 2 回路 B25（带框）（2ND13）用绝缘胶布包好，工作完成后恢复			
30			在 1 号主变压器保护屏（B）后端子排上将 2XB24 跳高压侧母联 2012 断路器出口Ⅱ回路 R233（带框）（2ND19）用绝缘胶布包好，工作完成后恢复			
31			在 1 号主变压器保护屏（C）后端子排上将 4XB1 高压侧操作箱三相启动失灵 1 回路 A23（带框）（4D58）用绝缘胶布包好，工作完成后恢复			
32			在 1 号主变压器保护屏（C）后端子排上将 4XB2 高压侧操作箱三相启动失灵 2 回路 B23（带框）（4D124）用绝缘胶布包好，工作完成后恢复			
工作负责人（审批人）		执行人		监护人		
		恢复人		监护人		

注：

8.7 变电站继电保护工作票填写常见错误及原因

日常工作中，常常会出现因为工作票填写错误而导致工作票回退，不仅影响了工作效率，还有可能危及现场工作的安全。

8.7.1 变电站工作票不规范判断依据

（1）非关键词字迹不清及涂改超过 3 处。

（2）工作票编号漏填或填写不规范。

（3）工作计划时间超过 15 天。

（4）未按规定盖"工作终结""工作票终结"章或盖错章。

（5）应与工作票一同保存的安全技术交底单、二次设备及回路工作安全技术措施单、附页等，未与工作票一同保存。

（6）工作票上使用的技术术语不规范。

（7）工作票上的各类时间没有按 24 小时制填写。

（8）存在其他不按相关规程要求填写的现象。

8.7.2 变电站工作票不合格判断依据

（1）错用工作票，如：应办理变电站工作票的办成了线路工作票；应办理第一种工作票的办成了第二种工作票等。

（2）计划工作时间超出计划停电时间或已过期。

（3）工作票关键字、词字迹不清或错漏。关键词：①断路器、隔离开关、接地开关、保护连接片等设备的名称和编号、接地线安装位置；②断开、合上、投上、取下、短接、拆除、投入、装设、插入、悬挂；③有关设备编号的阿拉伯数字，甲、乙，一、二，Ⅰ、Ⅱ，A、B 等；④工作许可时间、工作终结时间。

（4）工作票上工作班人名、人数与实际不符。

（5）工作任务、工作地点填写错漏或不明确（包括电压等级及设备名称）。

（6）工作要求的安全措施不正确、不具体、不完善。如：

1）漏填、错填应拉的开关和隔离开关。

2）漏填、错填应投切的直流电源、低压及二次回路。

3）漏填、错填应合的接地开关，应装设接地线的地方未装设或装设地点错误。

4）应设绝缘挡板的地方未装设或装设地点不当。

5）应挂的标示牌漏挂或错挂，应按规定设置遮栏的未设或设置不当。

6）线路对侧应接地的而未接地。

7）应办理二次设备及回路工作安全技术措施单的而未办理。

（7）应"双签发"的工作票没有"双签发"。

（8）工作许可栏的不当安全措施。如：

1）对工作要求的安全措施是否满足要求未做出评价并按实际补充或调整。

2）线路对侧需做安全措施的未经调度确认对侧是否已按要求执行。

3）应注明保留带电线路或带电设备及其他安全注意事项的未注明。

4）未填写工作许可时间。

（9）工作负责人有变更时未办理变更手续。

（10）应办理延期的工作未按要求办理工作延期手续。

（11）工作需办理工作间断手续的未办理或记录不全。

（12）未经许可人同意擅自增加工作内容；增加工作内容时需变更或增设安全措施的，未重新办理工作票。

（13）工作票终结栏的"接地线共_____组已拆除，接地开关_____共
把已拉开"，应填写的无填写。

（14）工作过程中需要变更安全措施时，未经许可人签名同意。

（15）工作票中工作票签发人（包括会签人）、工作负责人、工作许可人不具
备资格的，或冒签名、漏签名、签名不全。

（16）一个工作负责人同一许可工作时段持有两张或以上的工作票。

（17）其他工作票附件（包括安全技术交底单、二次设备及回路工作安全技
术措施单、附页等）不符合相关规程要求。

8.7.3　工作票填写常见错误主要原因

（1）工作范围复杂的工作票出错率高，主要是因为工作地点的错填、漏填。

（2）由于写票人员经验较少，要求的安全措施不足或多余，操作术语不
规范。

（3）写票时所参考的接线图与现场实际接线方式不对应导致填写错误。

（4）计划工作取消或非计划工作未提前向值班负责人上报。

（5）粗心大意导致的一些细节错误，如工作班人员数量不对应等。

（6）写票前写票人对工作内容及范围不明确，不熟悉工作现场。

（7）班组人员写票练习少，不了解常规工作中的安全措施要求。

（8）班组内部未保存准确可靠的台账数据，或相关数据未及时更新。

本章思考题

1. 热备用、冷备用及检修状态下，第一种工作票上工作要求的安全措施有
何不同？

2. 在已经处于检修状态的电容器上进行工作时，是否应该填写第一种工
作票？

3. 110kV 线路保护定检、220kV 线路保护定检和 500kV 线路保护定检，在
二次回路上要做的安全措施有何异同点？

4. 线路保护定检与主变压器保护定检，在二次回路上要做的安全措施有何
异同点？

5. 工作票签发人能否担任本次工作的工作负责人？为什么？

6. 在工作班组工作期间工作间断时，如何安排工作班组成员？

7. 写出变电站工作票不规范判断依据和不合格判断依据，至少各 5 条。

8. 写出工作票填写常见错误的主要原因，至少 5 条。

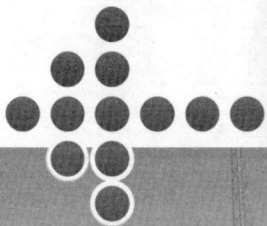

9

继电保护防"三误"事故措施

9.1 概 述

防止继电保护装置及二次回路事故的发生是继电保护作业人员的工作重点，以往从技术措施和组织措施方面入手，但从全网统计来看，各种类型的继电保护人为责任事故仍层出不穷，特别是继电保护"三误"［误碰、误接线（含误拆线）、误整定］事故最为突出，给电网的安全稳定运行带来巨大的危害。本章根据事故现场一手资料，简要分析和总结了各类"三误"案例发生的具体原因，并在此基础上提出有效的防范措施，对现场防止继电保护"三误"事故的发生具有一定的借鉴意义。

9.2 误 碰 类 事 故

9.2.1 人为误碰引起 TV 二次电压回路失压及断路器跳闸

1. 事故过程简述

220kV 某变电站 220kV Ⅱ 母线 TV 端子箱中保护专用二次电压回路空气开关跳开，该站的 220kV 某线路保护装置距离 Ⅰ、Ⅱ、Ⅲ 段保护启动，高频距离保护出口跳闸。

2. 事故原因分析

某施工队在该站进行 2 号主变压器保护改造工作，2 号主变压器保护工作间隔如图 9-1 所示。在做安全措施拆除电压回路时因误碰造成电压回路 C 相接地短路（见图 9-2），引起 220kV Ⅱ 母线 TV 端子箱中保护专用二次电压回路空气开关跳开（见图 9-3）。220kV 某线路保护装置二次电压三相失压，该线采用 REL-521 型保护，高频距离保护出口跳闸。

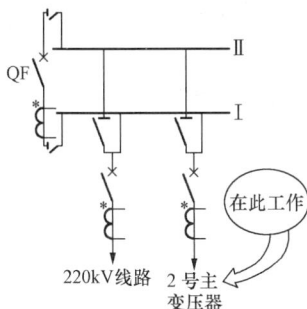

图 9-1　2 号主变压器 保护工作间隔

图 9-2　电压回路 C 相接地短路

图 9-3　TV 端子箱内二 次电压回路空气开关跳开

3. 防范措施

（1）在进行二次回路工作前，必须认真阅读图纸，掌握原理，熟知二次接线回路，对工作中存在的危险点采取完备、有效的安全措施，如在工作前填写二次安全措施单，由第二人核对是否存在错误、漏项等；工作中解除二次接线头时必须由第二人监护，用绝缘胶布将解除的二次接线包扎，并记录；工作结束后必须由第二人监护，依次按照二次安全措施单内容恢复，并检查是否存在恢复位置错误、漏项等情况。

（2）对类似 REL-521 型保护在三相电压消失时不能自行闭锁的装置原理缺陷进行消除。

9.2.2　工器具使用方法不正确导致保护跳闸事故

1. 事故事件简述

某变电站工作人员在 220kV GIS 原监控系统 LCU 柜内进行电缆拆除工作时，不同电缆之间的芯线存在相互缠绕的现象。工作人员为施工方便，用剪线钳直接剪切电缆。在剪切的过程中，由于工器具使用方法不正确导致保护跳闸事故。

2. 事故原因分析

因为用剪线钳直接剪切电缆时，剪线钳属于导体，将正电源与保护跳闸回路连通，导致保护跳闸事故。

3. 防范措施

（1）在清理运行中的设备和二次回路时，应使用绝缘性能良好的工器具，金属裸露部分（如螺钉旋具等）采用缠绕绝缘胶带的措施进行处理。剪切电缆前，要确认电缆两端均已与回路断开连接，再逐一剪切。

（2）解除或调整有关带电二次回路时，必须安排一人操作，另一人监护。

（3）工作前指定专人对工器具绝缘性能进行检查，配备合格、符合安全要求的安全工器具，做好工器具定期维护工作。

（4）施工作业时要严格执行标准化作业流程，完善危险点分析与控制措施。

9.2.3 工作方法不正确导致主变压器保护跳闸事故

1. 事故事件简述

某供电局工作人员在220kV母线保护定检完成后恢复安全措施，在恢复1号主变压器高压侧2201断路器跳闸回路时，由于端子排安装位置高造成视角偏差，同时跳闸回路正、负电源端子布置不规范（没有以一个空端子隔开），跳闸电缆负电源端误碰到正电源端子，造成2201断路器跳闸事故。

2. 事故原因分析

跳闸端子直接碰到了正电源端子上，将正电源与跳闸回路连通，造成2201断路器跳闸事故。

3. 防范措施

（1）端子布置时，应将正电源端子与跳闸负电源端子尽可能远离。

（2）对存在视觉偏差的工作点，应站在绝缘凳上平视操作端子并在监护下进行工作。

（3）二次接线回路号、端子号应齐全、清晰，线号应采用双重编号，宜增加回路号；对于联跳回路的线号，除采用双重编号外宜增加回路号及间隔电缆号。

9.2.4 防误碰类措施

（1）在现场工作前，必须了解工作地点一、二次设备的运行情况，本工作与运行设备有无直接联系（如安稳，备自投等），与其他班组工作有无交叉工作（特别注意避免通过远跳对对侧的断路器进行操作）。

（2）工作负责人应检查运行人员所做的安全措施是否符合要求，在保护屏的正、背面由运行人员设置"在此工作"的标示牌。相邻的运行屏前后应有"设备运行中"的明显标识（如红布、遮栏等）。工作人员在工作前应确认设备名称与位置，严防走错位置。

（3）不允许在运行的保护屏上钻孔。尽量避免在运行的保护屏附近进行钻孔或任何有振动的工作，如要进行，则必须采取妥善保障措施，防止振动引起运行的保护误动作。

（4）在继电保护屏间的过道上搬运或安放试验设备时，要注意与运行设备保持一定的距离，防止误碰造成误动。

（5）在清扫运行中的设备和二次回路时，应认真仔细，并使用绝缘工具（毛刷、吹风设备等），特别注意防止振动和误碰。

（6）禁止非专业人员在运行中的微机保护装置上学习、翻阅保护装置菜单，防止保护误动。

（7）在现场保护屏前后禁止使用对讲机，防止因电磁波等干扰引起保护误动。

9.2.5 防误碰类危险点描述及分层管控措施剖析

【例9-1】 与保护屏的相邻运行屏之间无明显区分标识、无隔离措施，检修端子与带电端子之间未有效隔离，未加装端子绝缘小隔板，造成误碰。分层管控措施如下：

（1）员工：①工作前或复工前，工作负责人会同运行人员核对现场安全措施与工作票所列的安全措施一致；②工作前要检查检修端子与带电端子之间已用绝缘材料进行了有效隔离，或已加装端子绝缘小隔板；③工作前，要注意对检修设备与公共设备之间联跳回路的分析，并执行好安全技术措施，以隔离公共设备。

（2）班组：①排查运行人员所做安全措施满足安全工作要求。在工作屏前后设置"在此工作"标示牌，并将相邻的装置柜门关闭或对相邻运行设备采用挂红布帘等隔离措施；②在集中组屏的某一保护装置上工作时，对同屏中其他运行保护装置采取隔离措施或设置安全提示；③做好危险点分析与预控工作。

（3）部门：①审核"继电保护现场工作二次安全措施单"填写正确无误；②管理人员要到现场把关，在工作中进行检查、监护。

（4）具体案例：某水电厂在进行500kV线路及5001、5004断路器保护升级工作时，工作人员在作业工程中为了方便施工，拆除安全隔离措施，导致在切除5001断路器跳闸回路直流电源时，走错运行间隔，误断开5002断路器保护回路直流电源熔断器，该电源监视回路继电器动作，启动48V跳闸回路，5002断路器跳闸。

【例9-2】 在二次设备上工作时，工器具使用方法不正确或使用的工器具不合格，造成误碰。如用剪线钳直接剪切电缆，清扫时未使用绝缘工具，螺钉旋具的金属杆裸露部分未用绝缘胶带缠绕等。分层管控措施如下：

（1）员工：①工作前或复工前，工作负责人会同运行人员核对现场安全措施与工作票所列的安全措施一致；②工作前要检查检修端子与带电端子之间已用绝缘材料进行了有效隔离，或已加装端子绝缘小隔板；③工作前，要对检修设备与公共设备之间的联跳回路进行分析，并执行好安全技术措施，以隔离公共设备。

（2）班组：①排查运行人员所做安全措施满足安全工作要求。在工作屏前后设置"在此工作"标示牌，并将相邻的装置柜门关闭或对相邻运行设备采用挂红布帘等隔离措施；②在集中组屏的某一保护装置上工作时，对同屏中其他运行保护装置采取隔离措施或设置安全提示；③做好危险点分析与预控工作。

（3）部门：①配备合格、符合安全要求的安全工器具；②加强事前、事中控制。

（4）具体案例：某电站工作人员在 220kV GIS 原监控系统 LCU 柜内进行电缆拆除工作时，因不同电缆之间芯线相互缠绕。工作人员贪图方便，用剪线钳直接剪切电缆，在剪切的过程中，由于工器具使用方法不正确导致保护跳闸事故。

【例 9-3】 工作中重要环节的操作失去监护或操作不规范，造成误碰。如操作保护连接片、切换开关、插拔保护插件不规范；测查交、直流回路时无人监护；现场打开的线缆未进行可靠的绝缘包扎处理；试验接线后没有专人检查。分层管控措施如下：

（1）员工：①现场工作人员不得随意扩大工作范围、增加工作内容。工作中，工作负责人对重要环节的操作进行检查，并组织专人监护。②在端子上工作时，要做好绝缘措施。在解除接线时，要逐根可靠包扎。③现场解开的电缆芯也必须可靠包扎并固定牢固。特别要明确有关电流互感器的试验工作，必须将相关二次接线全部打开，并立即进行包扎处理，同时做好记录，防止 TA 二次回路开路；④完成试验接线后，应由专人检查，确保正确无误。

（2）班组：①对工作中的重要环节要设专人监护；②工作时若需在二次回路上做安全措施或工作结束后恢复安全措施，应至少由两人进行，由工作班成员操作，工作负责人或监护人监护；③加强危险点分析及预控。

（3）部门：①部门管理人员现场把关，在工作中进行检查、监护；②作业指导书对防止误碰措施要细化，指导性要强。

（4）具体案例：外来施工人员在进行某 110kV 变电站综合自动化改造时，将 2 号主变压器的跳闸回路接入了测控屏和保护屏，但电缆另外一端未经包扎裸露置于地面。在敷设其他电缆时，将该电缆芯线的裸露部分经金属接地短路，导致正负电源接通，保护跳开了 2 号主变压器导致高压侧和低压侧事故。

【例9-4】 二次设备本身存在缺陷。如二次设备标识不清楚，出口继电器无防护罩，装置端子布置不合理，造成误碰。分层管控措施如下：

（1）员工：①对视觉上存在偏差的工作点，应站在绝缘凳上平视操作端子并在监护下进行工作；②布置端子时，应使正电端与跳闸负电端尽可能远离；③对无防护罩的出口继电器加防护罩。

（2）班组：①二次接线回路号、端子号应齐全、清晰。线号应采用双重编号，宜增加回路。对于联跳回路的线号，除采用双重编号外宜增加回路号及间隔电缆号（如 Y1—111 跳闸 D45、33）；②对于复杂的二次接线，如 3/2 断路器接线方式的 TA 二次和电流接线，采用标示牌标识。

（3）部门：①二次设备名称、编号、标识应正确、规范；②对于正常运行时不允许操作的按钮，明确注明"禁止操作"标示。

（4）具体案例：某供电局工作人员在 110kV 母线保护定检完成后恢复安全措施，在恢复 1 号主变压器高压侧 1101 断路器跳闸回路时，由于端子排安装位置太高造成视角偏差，同时跳闸回路正负电源端子布置不合理（没有以一个空端子隔开），负电源端子碰到了正电源端子，造成 1101 断路器跳闸事故。

【例9-5】 二次设备附近其他工作振动较大，通信干扰与二次设备距离过近，造成误碰。分层管控措施如下：

（1）员工：①尽量避免在运行的保护屏附近进行钻孔或任何有振动的工作。如要进行，则必须采取妥善防振措施或停用易误动的保护。②不宜在保护室内，运行中的 TV/TA 及其端子箱、开关端子箱附近进行电焊作业。

（2）班组：①在二次设备上工作应与一次设备满足安全距离要求；②加强现场监护。

（3）部门：①督促班组提前做好危险点分析，管控措施要完备；②加强现场监护。

（4）具体案例：某 500kV 变电站施工人员进行 500kV 母差保护装置相关回路的电缆核对工作时，违规在有"禁止使用无线通信"标识的保护小室内使用对讲机。在保护屏敞开的情况下，对讲机距离装置太近，对设备形成干扰，造成 500kV 母线保护动作事故。

【例9-6】 重要工作现场安全措施不完善，监护不到位，人员安排不合理。如工作前未勘查现场，未进行危险点分析，安全措施未落实，作业人员因不清楚本次作业内容、作业范围、危险点等发生误碰。分层管控措施如下：

（1）员工：①对未经允许的工作，工作人员应拒绝执行；②作业前，作业人员应清楚作业内容、作业范围、危险点；③工作监护人应认真履行监护职责。

（2）班组：①对大型工程、重要设备，特别是复杂保护（母差保护、主变压器保护）的试验，应提前进行现场勘查。制定详尽的试验方案和继电保护二次安全措施单，并认真组织学习。②合理安排工作，加强安全意识和技术培训，保证每个工作人员在工作中对危险点认识准确。

（3）部门：①对作业人员进行培训，提高作业人员的安全意识；②督促班组提前做好危险点分析，检查安全措施完备；③加强现场监护。

（4）具体案例：某供电局外来施工人员在未经许可的情况下，擅自增加了对新装备自投装置进行单体调试工作，在没有认真核对二次回路接线，没有做好安全措施的情况下盲目施工，导致误碰短接跳 2 号变压器高压侧 1102 断路器出口 101、133 跳闸回路，造成 1102 断路器跳闸及 10kV Ⅰ、Ⅱ 段母线失压事故。

9.3　误接/误拆线类事故

9.3.1　误接线导致主变压器高压侧断路器跳闸

1. 事故事件简述

某工程公司施工人员在某 220kV 变电站 1 号主变压器 220kV 专用旁路母线 2015 断路器测控装置上进行改造工作时，施工人员对 220kV 专用旁路母线 2015 断路器进行手合同期传动试验，试验过程中造成 1 号主变压器高压侧 2001 断路器误跳闸。

2. 事故原因分析

（1）经过检查发现事故是由施工人员在对 2015 断路器测控装置进行改造时误接线及原设计存在缺陷所致，即将 1 号主变压器保护跳 220kV 旁路的回路 R133I 误接至 1 号主变压器保护跳 1 号主变压器高压侧 2001 断路器回路 R133I 处。

（2）设计缺陷即 1 号主变压器 B 柜 2CD39 至 1 号主变压器 A 柜 1CD40 的连线没有拆除，1 号主变压器 B 柜应拆除的 2CD39、2CD40 连接片及 2CD42、2CD42 连接片的现场改接线表述不清楚。

3. 防范措施

（1）立即拆除错误接线。

（2）工作人员务必加强工作责任心，注重细节，严格执行各项安全措施。工作中应认真监护，及时分析排查现场工作中存在的薄弱环节，发现隐患立即进行处理。

（3）加强对现场施工图纸的管理，严格执行审图工作，对扩建、技改工程应认真对照现场接线图进行设计，避免误接线事故再次发生。

9.3.2 现场接线错误导致失灵保护误动

1. 事故事件简述

某 220kV 变电站当区外 110kV 线路故障时，220kV 失灵保护误动作，导致 220kV Ⅱ 母线失压，如图 9-4 所示。

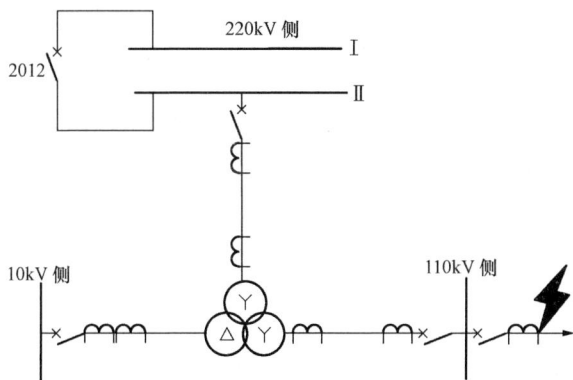

图 9-4 区外 110kV 线路故障

2. 事故原因分析

（1）事故调查发现，1 号主变压器高压侧失灵启动回路只经过失灵启动电流触点和母线切换触点串接的启动失灵保护，未经保护动作触点把关。当区外 110kV 线路故障时，因 110kV 快速保护未能动作，各项电气判据满足，失灵保护经 0.5s 延时出口跳闸。

（2）检查图纸发现 1 号主变压器失灵启动回路原理图逻辑正确，端子排图有错误，现场接线错误，施工、调试、验收未能发现接线错误，最终导致失灵保护误动，如图 9-5 所示。

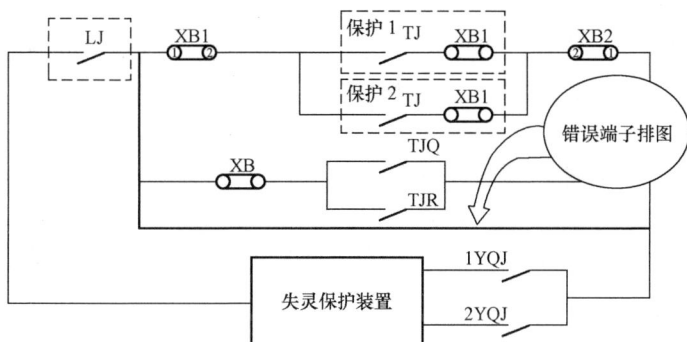

图 9-5 1 号主变压器失灵启动回路错误接线

3. 防范措施

(1) 事故发生后，立即进行了失灵保护启动回路的专项普查及整改。

(2) 根据实际情况，举一反三，结合保护定检工作认真检查失灵启动回路。

(3) 加强对继电保护设计、施工、验收、定检及运行维护工作中薄弱环节和安全隐患的检查，防止类似事故再次发生。

9.3.3 二次回路接线错误导致保护拒动

1. 事故事件简述

某 110kV 线路发生单相接地故障，线路一侧零序保护动作，使本侧断路器跳闸，而线路对侧零序保护拒动。

2. 事故原因分析

线路对侧零序保护拒动原因是线路保护 N 相电流回路接线错误，如图 9-6 所示。

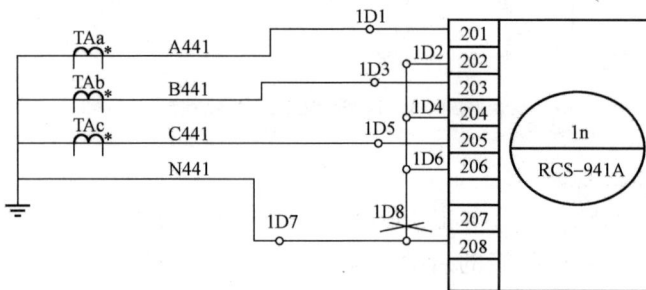

图 9-6 线路保护 N 相电流回路错误接线

电流互感器 TA 二次回路 N 相电流 N411 的 1D7 端子与 1D8 端子在保护屏端子排处被短接在一起，导致零序方向保护电流元件的线圈中无电流通过。当线路发生单相接地故障时，零序方向保护未检测到电流，从而导致保护拒动。

3. 防范措施

(1) 事故发生后，立即将保护屏端子排处的电流回路按照设计图进行整改，即将 1D8 端子线头从 1D7 端子处解出接到零序方向保护的另外一端，即图 9-7 中 207 装置 n 端子处。

(2) 结合保护回路验收、保护定检工作认真检查保护各回路的完整性。

9.3.4 误接/误拆线类措施

(1) 在现场工作前，工作人员必须明确分工并熟悉图纸与检验规程等有关资料。

(2) 对于重要、复杂的保护装置或有联跳回路的保护装置，现场工作前应由工作负责人编制经审批的试验方案，以及由工作负责人填写，并经审批的安全措施票。

（3）一次设备运行而保护部分停用时，应特别注意将不经过连接片的跳、合闸回路进行隔离。

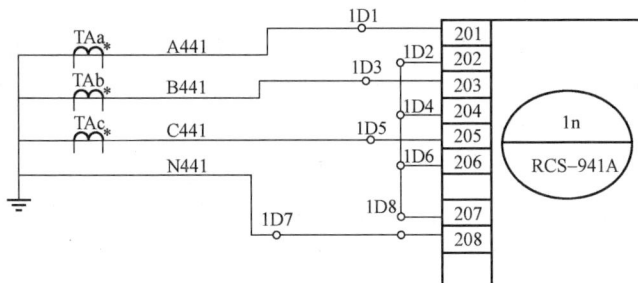

图 9-7　线路保护 N 相电流回路正确接线

（4）在检验继电保护及二次回路时，凡与其他运行设备二次回路相连的连接片和接线应有明显标记，按安全措施票将有关回路隔离，并做好记录。

（5）在运行中的二次回路上工作时，必须由一人操作，另一人监护。监护人由技术经验水平较高者担任。

（6）试验接线前，应了解试验电源的容量和接线方式，注意通过有极差配合和漏电开关的配电箱取用试验电源。

（7）交流二次电压回路通电时，必须可靠断开至电压互感器二次侧的回路，防止反充电。

（8）对电流互感器二次回路进行短路接线时，应用专用短接片或导线压接短路。

（9）现场工作应按图纸进行，严禁凭记忆工作。发现图纸与实际接线不符应查线核对，如有问题应及时汇报，查明原因后编写更改方案并制定具体的防三误技术措施，再经相关专业负责人审核、批准。按正确接线修改更正，并存档备案。

（10）进行保护装置整组试验时，禁止采用继电器触点短接的方法。传动或整组试验后不得在二次回路上进行任何工作，否则应重新进行相应的试验。

9.3.5　防误接/误拆线类危险点描述及分层管控措施剖析

【例 9-7】　施工现场未按图施工，未按图接线。分层管控措施如下：

（1）员工：①严格按图纸施工，通过相关试验加以验证；②无用的和临时的接线应及时拆除，严防产生寄生回路；③现场工作应按图纸进行，严禁凭记忆工作。发现图纸与实际接线不符，应查线核对，如有问题应查明原因，并按正确接线修改更正，然后记录修改原因和日期。

（2）班组：①现场接线应满足保护逻辑、二次反事故措施要求，还应通过相关试验加以验证；②保护装置二次接线变动或改进时，应进行相应的传动试验，必要时还应模拟各种故障，进行整组传动试验。同时，无用的线应及时拆除，并用拉合直流电源来检查接线有无异常。

（3）部门：①开展继电保护和电网安全自动装置现场工作保安规定学习；②加强继电保护现场人员的安全教育，增加责任感，培养保护人员严、细、实的工作作风。

（4）具体案例：某220kV变电站1号主变压器扩建工程中，由于设计缺陷，现场改线注释表达不清晰，施工人员没有检查核实并且没有按图施工，误将1号主变压器保护跳2015断路器的出口回路接到保护跳高压侧处，直接导致2015断路器传动试验时跳开1号主变压器高压侧断路器事故。

【例9-8】 保护装置交流回路接线不正确。如TA、TV的准确级、变比、极性使用不正确，或接线不正确，无接地、接地点错误或多点接地，TA二次绕组分配不满足保护选择性要求，存在死区。分层管控措施如下：

（1）员工：①一次通电及伏安特性试验，检查TA和TV的变比、二次极性、接线、准确级是否正确；②测试TA、TV的绝缘性能，检查其N相是否存在接地点错误或多点接地；③交流回路应测试TA、TV的N相不平衡电流电压量，以检查其N相接线是否完好；④变动TV的一、二次回路后，应进行TV核相，带负荷测试，以检查其极性的正确性；⑤断开TA、TV的二次回路，包括A、B、C、N相，恢复时，要确保N相接线的完好性；防止TA二次回路开路、TV二次回路短路；⑥传动试验时，不仅要监视保护装置动作情况，操作箱相别指示、控制屏信号、遥信、SOE信号、录波情况，同时还需要派专人观测开关实时动作情况；⑦认真分析相量测试数据，确保正确；⑧进行调试工作时，认真查线，核对接线的正确性。

（2）班组：①带方向性的保护和差动保护新投入运行时，或变动一次设备、改变交流二次回路后，应带负荷测试，验证电流、电压回路的极性、变比及接线的正确性。②差动保护除应检查各支路N相、公共接地点不平衡电流外，还应检查差动保护装置中差动回路的不平衡电流、不平衡电压，采样回路极性的正确性等。③保护装置二次接线变动时，应进行相应的传动试验。必要时还应模拟各种故障，进行整组传动试验。

（3）部门：①作业前检查，作业中监视，作业后复查；②加强对继电保护人员的技术培训，针对二次回路接线原理和常见问题，进行专题讲解分析；③对继电保护的极性测试结果进行分析，制定严格的审核验收程序，避免人员误判断。

（4）具体案例：某变电站对主变压器进行预试试验，试验结束，恢复运行时主变压器断路器三侧跳闸，全站失压。事故后检查发现，是由试验结束后恢复电流线时将110kV侧C相TA的二次端子极性接反造成的。

【例9-9】 设计错误，图纸与现场设备接线不符，回路编号、元件标识不正确、不规范、意思不明确。分层管控措施如下：

（1）员工：①工作中认真核查每一根接线，并通过电流、电压量综合判断不明回路线的用途；②及时修改图纸，确保与现场接线保持一致。

（2）班组：工作前，组织有现场工作经验的负责人对图纸进行审核。

（3）部门：①施工、验收前认真审图；②若对图纸有疑问，及时与设计部门沟通；③审核工作的负责要落实到人；④规范管理流程；⑤组织协调好各部门间图纸的设计与审核工作。

（4）具体案例：某220kV变电站2号主变压器扩建工程中，由于设计缺陷，现场改线注释表达不清晰，施工人员没有检查核实，又误将2号主变压器保护跳2012断路器的出口回路接到保护跳高压侧处，直接导致2012断路器传动试验时跳开2号主变压器高压侧断路器事故。

【例9-10】 保护及自动化装置直流回路接线错误。如：直流回路存在寄生回路，拆除接线后恢复不正确。分层管控措施如下：

（1）员工：①严防寄生回路存在，无用的备用连片、连接线应及时拆除，拉合直流电源来检查接线有无异常；②电缆备用芯头应用绝缘胶带缠绕起来；③拆开或短接二次回路中任意线头时，各线头处必须做好标记，并记录清楚；恢复时，应逐项核对无误，确保接线正确。严禁凭记忆或经验变动。

（2）班组：①工作中使用继电保护二次安全措施单，并严格执行；②对已拆除线进行恢复接线后，应由专人检查；③保护装置二次接线变动时，应进行相应的传动试验；④必要时还应模拟各种故障，进行整组传动试验。

（3）部门：①作业前检查，作业中监视，作业后复查；②组织开展专业人员技能培训。

（4）具体案例：某输变工程公司在某500kV变电站进行2号主变压器保护跳5031断路器更改为5013断路器时，由于错用施工图纸，将两个联跳回路误改动形成寄生回路，导致断路器传动时误跳开关事故。

【例9-11】 图纸管理不规范。如无图纸、图纸不齐全或图纸改动后未履行审批手续。分层管控措施如下：

（1）员工：①现场改动图纸应履行审批手续；②发现图纸与实际接线不符时，应查明原因，并按正确接线修改更正，然后记录修改原因和日期，并上报班组。

（2）班组：①现场应有完善的施工和竣工图纸，并与现场设备一致；②修改接线后并试验正确，方可投运。

（3）部门：①加强现场监督；②相关部门管理人员要对现场变更的接线和改动的图纸进行审核；③规范图纸资料的接收移交管理流程。

（4）具体案例：某 220kV 变电站在进行 220kV 线路断路器后备保护定检时，由于之前电流回路多次改造，但图纸没有及时更新，根据图纸所做的安全措施不满足要求，所加的电流量串入低频过流减载装置中，造成 5 条 10kV 馈线和 1 条 110kV 线路跳开事故。

9.4 误整定类事故

9.4.1 误整定造成 500kV 主变压器零差保护误动

1. 事故简述

500kV 某变电站区外某条 500kV 线路发生 A 相瞬时故障，此时该站的 500kV 3 号主变压器两套零差保护（保护型号均为 RCS-978）动作跳开主变压器各侧断路器。保护装置提供的故障电流波形如图 9-8 所示。500kV 线路故障时，流经变压器保护的零序差流为 $0.35I_n$（定值为 $0.2I_n$），因此变压器零差保护动作。

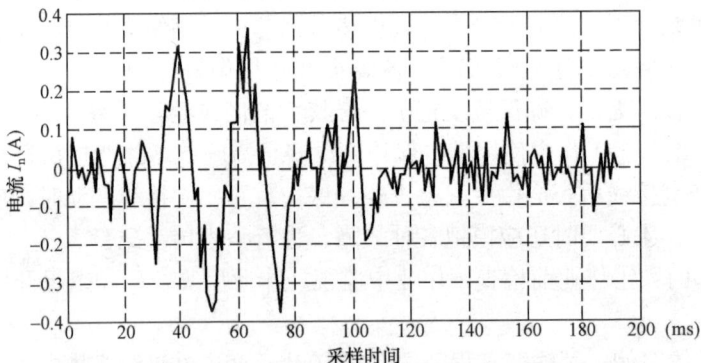

图 9-8 故障电流波形

2. 事故原因分析

Ⅰ侧 2 支路的零差平衡系数不正确是本次区外故障零差保护误动的原因。厂家工作人员现场工作疏忽，在固化保护程序后未下载典型定值，导致装置中"Ⅰ侧为 3/2 断路器接线"的定值为"0"（应为"1"），从而使得保护装置计算出Ⅰ侧 2 支路的零差调整系数为 0，造成零差保护误动。错误定值如图 9-9 所示。

3. 防范措施

（1）各运行单位应对已经升级程序的保护装置进行再次核对，对每个定值区

序号	定值名称	：数值	序号	定值名称	：数值
01	Ⅰ侧1支路平衡系数	：04.000	09	Ⅱ侧2支路二次额定电流	：00.745A
02	Ⅰ侧2支路平衡系数	：04.000	10	Ⅲ侧二次额定电流	：03.137A
03	Ⅱ侧1支路平衡系数	：02.947	11	零差Ⅰ侧1支路平衡系数	：00.999
04	Ⅱ侧2支路平衡系数	：02.947	12	零差Ⅰ侧2支路平衡系数	：00.000
05	Ⅲ侧平衡系数	：00.700	13	零差Ⅱ侧1支路平衡系数	：01.599
06	Ⅰ侧1支路二次额定电流	：00.549A	14	零差Ⅱ侧2支路平衡系数	：00.000
07	Ⅰ侧2支路二次额定电流	：00.549A	15	零差公共绕组平衡系数	：01.666
08	Ⅱ侧1支路二次额定电流	：00.745A	16		：

错误定值

图 9-9 错误定值

打印一份定值单，查看打印定值中的各侧零差平衡系数，查看Ⅰ侧2支路和Ⅱ侧2支路的零差平衡系数是否为0，并作为定值档案进行管理，确保运行安全。

（2）现场保护应把好升级试验验收关，在厂家进行保护升级或新设备投运时，要求厂家对每个定值区必须下载一次典型定值，并进行严格的试验。投运前应核对打印定值单中各侧零差平衡系数是否正确。

（3）要求保护厂家加强对现场技术支持人员的技术培训，在其熟知工作内容且操作熟练后，才能派到现场进行技术服务。

9.4.2 母联保护二次定值折算错误导致变电站失压

1. 事故事件简述

220kV某变电站进行投产工作，110kV侧Ⅰ、Ⅱ母线并列运行。准备对该站的1号主变压器保护、110kV母差保护、110kV母联保护进行带负荷测试工作。在某条供该站110kV侧Ⅰ母线AB线路对侧变电站进行电磁环网解环操作时，该站的110kV母联断路器过电流保护动作跳闸，导致AB线路对侧变电站失压。

2. 事故原因分析

事故后检查发现，根据事故前的运行方式分析，AB线路对侧变电站解环后，对侧站的负荷由220kV变电站通过DC线路供电，负荷电流也唯一通过220kV某变电站的110kV侧母联断路器。

整定部门给出的110kV母联保护定值单上的临时定值为一次值，现场工作人员进行二次折算时误整定为正确值的1/2，将变比600/5误看为1200/5，导致AB线路对侧站解环时110kV母联过电流跳闸，造成变电站失压事故。母联TA变比误整定如图9-10所示。

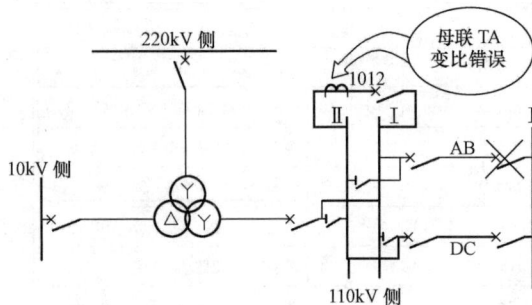

图 9-10 母联 TA 变比误整定

3. 防范措施

（1）整定部门下达的保护定值应为二次输入值，应减少中间的换算环节，避免错误。

（2）工程验收等工作中应对设备的参数如变比等进行记录，并写入运行说明中，对母联定值等进行强调。

9.4.3 定值整定错误导致主变压器保护误动事故

1. 事故简述

某 220kV 变电站 110kV 侧 AB 线路处于热备用状态，在恶劣的天气下，A 相阻波器遭雷击，同时相邻 110kV 侧 DC 线路也遭雷击，发生 A 相接地短路，该 DC 线路零序Ⅰ段保护动作将故障切除，3s 后线路重合闸动作成功，恢复送电。但在 DC 线路动作跳闸的同时该站 1 号主变压器 B 屏 110kV 零序过电流Ⅰ段保护的第二时限也出口动作，将 1 号主变压器中压侧断路器跳开（1 号主变压器保护范围内没有任何故障）如图 9-11 所示。

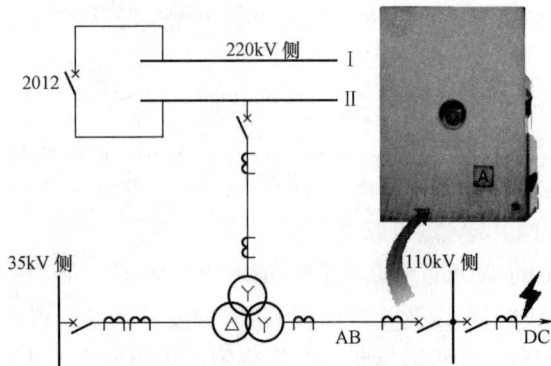

图 9-11 1 号主变压器误跳闸

2. 事故原因分析

检查二次回路和保护装置均未发现异常，工作人员对整定值进行核查，发现该220kV变电站1号主变压器A屏和B屏零序过电流Ⅰ段保护所用的TA变比不一致。A屏取于断路器TA，变比为600/5；B屏取于套管TA，变比为1200/5。如图9-12所示是1号主变压器保护用变比。在定值整定时将A屏和B屏分别整定，A屏定值单未发现问题，而B屏定值单误将第二时限的1.2s写成0.2s。在110kV DC线路遭雷击，A相接地短路故障时，0.2s的级差配合不够，因此动作出口跳闸，如图9-13所示。

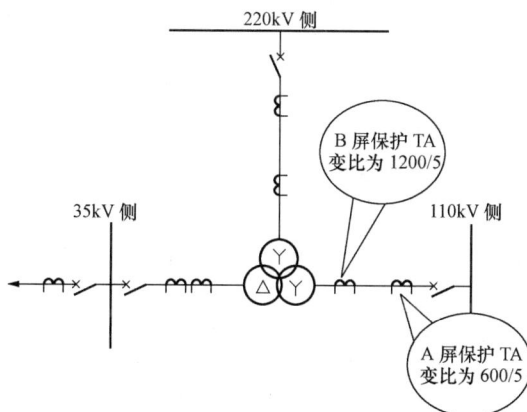

图9-12 1号主变压器保护用变比

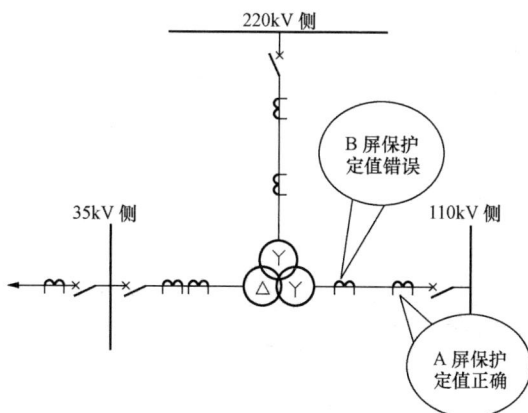

图9-13 1号主变压器B屏保护误整定

3. 防范措施

(1) 立即对类似的保护进行定值核查，打印并核对确认。

（2）组织认真学习定值单管理制度，严格落实计算、复核和审批流程。

（3）根据检验规程要求按照计划进行定检工作，同时加强平时对设备的运行维护工作。

（4）严防继电保护"三误"事故，加强对保护装置定期检查工作。

9.4.4 防误整定类措施

（1）做好保护定值、组态逻辑、参数上报的管理工作。相关参数修改后，必须进行传动试验，合格后才能投入运行。

（2）继电保护定值通知单内容应以现场打印的定值为准，设备到场后，调试人员应及时向调度机构提供有关资料。

（3）调度机构管辖的现场继电保护装置整定值的调整和更改，由调度员以调度命令形式下达执行。现场运行人员接到调度下达的继电保护定值单更改命令后，应立即进行更改或通知继电保护人员进行更改，并在规定的时间内完成，以保证各级继电保护装置定值的互相配合。

（4）后备保护的定值应逐级配合。

（5）对临时定值的计算、校核、下发和执行，调度机构都应遵循既定的程序。

（6）过期不执行新定值而造成保护装置误动或拒动的，应追究执行部门的责任。

（7）新保护定值计算完后，应及时编写和修订继电保护运行规定。

（8）保护定值下发后，按照要求的时间及时更改装置定值，并在定值修改完成后及时将定值单回执上报调度机构。

（9）保护装置更改定值后或新保护装置投入运行前，运行人员必须持保护装置打印的定值单与值班调度员核对定值单号，正确无误后方可投入运行。

（10）定值单执行完毕后，现场运行人员应立即向调度人员汇报，核对无误后由调度人员下令投入保护。调度人员和现场运行人员应在各自的定值单上签字并注明执行日期。

（11）定值单执行完毕后，现场执行人员负责将其与保护装置打印出的定值进行校对，若有疑问，应立即与继电保护整定计算部门联系。同时，执行人员应在继电保护记事簿上记录，并填写定值单回执，在回执上注明执行日期及执行情况。

（12）定值单应由专人管理，登记在册，定期检查。

9.4.5 防误整定类危险点描述及分层管控措施剖析

【例9-12】 定值整定计算时结果错误，或定值配合不当。如计算人员对电网运行方式、二次设备原理不了解；说明书版本与现场二次设备实际版本不一致，保护定值折算不正确。分层管控措施如下：

（1）员工：①整定计算人员应熟悉现场二次设备、接线及保护装置说明书；②熟悉本地区电网主接线及各种运行方式；③整定计算人员应积极参与新设备现场调试工作，熟悉定值折算方法。

（2）班组：①新装设二次设备时，必须获得设备开箱时所带的保护说明书，确保整定计算参考的保护说明书与现场一致，并参照装置打印定值清单出具保护定值通知单；②整定计算书必须有专人复算，履行整定计算书、定值通知单的计算、复算、审核、批准手续。

（3）部门：①装设未使用过的新设备时应请生产厂家对工作人员进行培训；②严格审核把关，认真核对运行方式；③规范报送流程。

（4）具体案例：某110kV变电站因为调度在定值单的编写和复核上不够细致严谨，笔误将零序过电流Ⅰ段第二时限整定值1.2s写成了0.2s，导致主变压器保护屏装置误动跳开110kV侧断路器事故。

【例9-13】 整定计算原始参数错误。如所报的一、二次设备参数不准确，或将保护额定电流1A误报为5A。分层管控措施如下：

（1）员工：①整定计算人员积极参与现场新设备调试工作；②调试人员用现场核对或试验的方法确认参数的正确性。

（2）班组：整定计算前要由专人对原始参数进行分析核查，核对报送参数的正确性。

（3）部门：新建或更换设备整定计算前要核查参数正确无误。

（4）具体案例：某220kV变电站在一期工程投产前，由于安装调试单位未按照图纸核对站用变压器低压侧零序TA的实际变比（300/1），提供了错误变比（800/1），导致调度整定二次定值为0.4A，相当于一次动作值为320A，实际动作值为120A，造成站用变压器保护误动事故。

【例9-14】 保护定值折算错误、装置定值整定错误。如不熟悉定值折算方法或变比，不熟悉保护装置及操作方法等。分层管控措施如下：

（1）员工：①在使用计算器前应进行相关功能测试；②定值折算、复算人员应该对定值变更前后的差异、定值单的说明以及保护控制字进行分析核对；③现场调整定值时应仔细，方法应正确，一人调整后，必须经第二人检查核实，确定定值调整无误；④作业过程中，作业人员必须使用准确、规范的专业术语进行交流，以免引起歧义。如某线TA变比为1000/1，不得简化为变比1000。

（2）班组：①严格按照定值闭环管理的要求执行其流程；②对电磁式保护，定值整定或修改后，要按新定值进行通电试验并加以核对，确保整定无误后方可投运；③微机保护定值修改后必须固化，并打印核对。

（3）部门：①定期安排检查，核对保护定值通知单；②完善定值执行程序。

（4）具体案例：某220kV变电站区外故障时1号主变压器差动保护动作跳开三侧断路器并闭锁220kV备自投。故障原因是现场工作人员在发现"1号主变压器继电保护定值通知单"无差动保护平衡调整系数时，未提出疑问，而是按照自己的理解进行计算并实施整定，直接造成1号主变压器差动保护35kV侧平衡调整系数整定错误事故。

【例9-15】 定值单不规范、不清晰、不齐全。如定值单编号、执行日期、所属设备、设备名称、保护装置型号、微机保护软件版本号、保护所使用的TA/TV变比、TA接线方式、定值说明等不清晰；保护定值的计算时间差错误，复算、审核、批准签字不规范、不齐全。分层管控措施如下：

（1）员工：①定值单下达前，复算人、审核人要核查定值通知单是否规范、清晰、齐全，是否符合要求；②调度、保护、运行人员在接收定值通知单时，应该核查定值通知单是否规范、清晰、齐全，是否符合要求。

（2）班组：①作废的通知单要及时销毁，始终保留最新通知单；②定值变更后应保存记录。

（3）部门：批准人应当在定值单下发前对该定值是否符合整定计算规程、是否满足运行方式进行审核。

（4）具体案例：某35kV变电站2号变压器装置后备过电流Ⅰ、Ⅱ、Ⅲ段的动作时间差均小于整定时间300ms，造成保护动作没有选择性，导致该站2号变压器跳闸事故。

【例9-16】 试验时临时变动保护定值，试验完毕后未恢复。分层管控措施如下：

（1）员工：①正确使用继电保护二次安全措施单，变动保护定值时应详细记录；②试验完毕后应及时恢复原定值并核对是否正确。

（2）班组：①工作时，需要临时变动和恢复保护定值时，应至少由两人进行，由工作班成员操作，工作负责人监护；②工作中严格使用继电保护二次安全措施单；③保护连接片、出口连接片、切换开关必须经过试验以确保正确性、唯一性。

（3）部门：①随时检查计算程序参数和运行的准确性；②现场保护运行规程不得随意修编，对发生变化的部分尤其要认真核对、严把审核关，以保证现场保护运行规程的正确性、唯一性。

（4）具体案例：某供电局现场保护人员进行某站1号变压器B屏110kV零序过电流Ⅰ段第二时限整定值时，整定值本应该为1.2s，在定检时将其改为0.2s，对保护功能进行检查后未恢复，送电后区外故障导致该站1号变压器B屏

110kV 零序过电流Ⅰ段第二时限动作跳开中压侧断路器事故。

【例 9-17】 微机保护的显示屏不清晰，面板按键不灵敏，打印机故障或打印模糊，看不清楚保护内整定实际值，按键、拨轮开关卡涩等。分层管控措施如下：

（1）员工：①整定前对保护装置的显示屏、按键、拨轮开关进行检查；②核对打印定值清单所显示的定值区号应与面板定值区区号一致。

（2）班组：①整定前检查，调试中监视；②对于有多定值区的微机保护装置，工作负责人应对整定人员详细交待保护装置不同定值区所适应的运行方式以及定值差异，每个定值区的定值应分别打印定值清单，并注明定值区号、适应的运行方式，由专人按定值通知单进行核对。

（3）部门：定期组织检查微机保护的显示屏是否清晰，面板按键是否灵活。

（4）具体案例：某变电站 110kV 母联 1012 断路器保护的功能定值整定后由于打印报告显示不清楚，未发现保护连接片定值的投入情况，没有采取措施整改，将保护投入运行，导致外部 10kV 设备故障时保护误动事故。

【例 9-18】 运行方式变化时，未及时调整保护定值。分层管控措施如下：

（1）员工：按照要求复核保护定值、现场运行方式、保护连接片正确无误。

（2）班组：运行方式变化时，要按继电保护定值单要求及时调整保护定值。

（3）部门：运行方式变化后需要调整的保护定值及状态，应在继电保护定值单及整定方案中予以说明。

（4）具体案例：某厂对 4 号整流柜进行消缺时，未及时针对运行方式改变而调整定值，造成 220kV 母联 2012 断路器送电时多条线路跳闸事故。

本章思考题

1. 写出继电保护"三误"事故内容。
2. 列出至少 5 个误碰事故。
3. 列出至少 5 个误接线事故。
4. 列出至少 5 个误整定事故。
5. 列出至少 5 个防范误碰事故的措施。
6. 列出至少 5 个防范误接线事故的措施。
7. 列出至少 5 个防范误整定事故的措施。

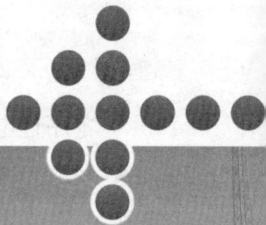

10

电网继电保护反事故措施选编

10.1 220kV 及以上系统变压器断路器失灵应联跳变压器各侧断路器

【出处】 《关于明确 220kV 及以上系统变压器开关失灵联跳各侧回路有关反措要求的通知》（中国南方电网调继〔2011〕19 号）

【案例】 某 500kV 变电站 1 号主变压器 5032 断路器 TA 发生 C 相死区故障，由于 5032 断路器失灵保护未设计联跳主变压器各侧回路，故障持续约 851ms 后发展为主变压器区内故障，最终由主变压器差动速断保护动作跳开主变压器各侧断路器切除故障。5032 断路器失灵保护动作正确，但 5032 断路器失灵保护动作没有联跳主变压器各侧断路器，导致故障持续时间延长约 525ms，由死区故障发展为主变压器区内故障，故障范围扩大。

【反措要求】

（1）新建、改扩建工程中的 500、220kV 变压器的 500、220kV 侧断路器失灵应联跳变压器各侧断路器。新建工程中，220kV 系统双母接线应配置双重化母线保护装置（含母差、失灵保护功能），利用母线保护装置内部失灵电流判别功能，由母线失灵保护实现断路器失灵跳闸的电压闭锁功能及联跳主变压器各侧回路功能。

（2）回路设计不符合要求的已运行 220kV 及以上系统的变压器，各运行维护单位应结合现场实际完善失灵保护，实现联跳各侧断路器功能。

（3）在 220kV 系统双母线接线情况下，宜优先采用 220kV 失灵（母差）保护装置的失灵保护出口联跳变压器各侧断路器的方式；对于母线保护装置无法通过回路完善或保护升级完成反措的，可以考虑采用主变压器保护屏的断路器辅助保护出口联跳主变压器各侧断路器的方式；对于 220kV 变压器已投入变压器阻抗保护作为跳变压器各侧断路器的临时方案的，可以待 220kV 失灵（母差）保护或主变压器保护技改时完善相关回路。

【实施方案】

方案 1：220kV 失灵（母差）保护出口联跳变压器各侧

在主变压器 220kV 断路器失灵时，失灵（母差）保护装置出口跳母线上相关断路器的同时，开出触点启动主变压器非电气量跳闸回路，联跳主变压器各侧断路器。

采用本方案，现场实施时应注意失灵（母差）保护装置对变压器支路的调整，当变压器间隔的接入支路与保护装置默认的变压器支路不对应时，应调整接入支路与默认支路使其保持一致，否则无法实现联跳功能。

典型配置与回路设计为：220kV 配置双套断路器失灵保护，按间隔区分失灵，失灵电流判据在失灵（母差）保护装置内实现。失灵启动与联跳典型回路（一）如图 10 - 1 所示。

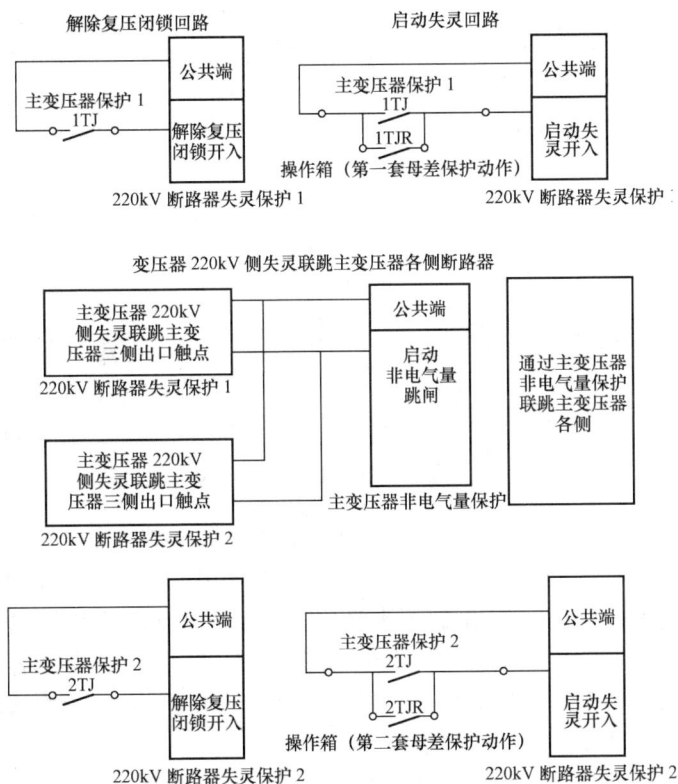

图 10 - 1 失灵启动与联跳典型回路（一）

失灵电流判据在各间隔内实现，由各间隔完成失灵判别后触发失灵保护装置出口跳闸也是较为常见的一种回路方式。失灵启动与联跳典型回路（二）如图 10-2 所示。

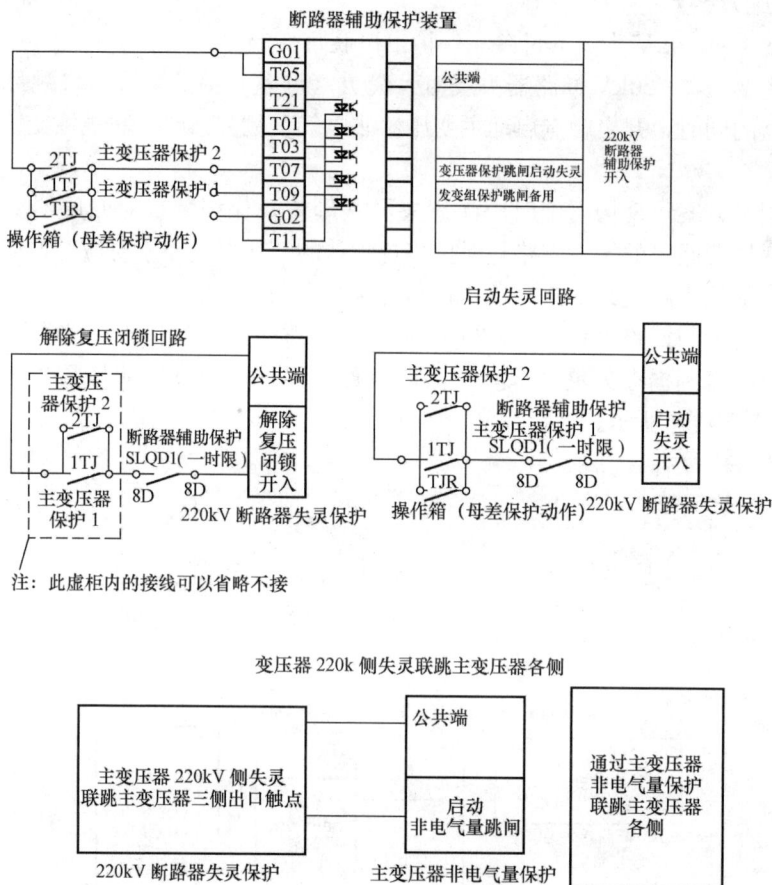

图 10-2　失灵启动与联跳典型回路（二）

方案 2：变压器断路器辅助保护出口联跳变压器各侧

失灵（母差）保护装置无法实现按间隔区分失灵的（通过回路完善、保护升级仍无法实现的），可以利用断路器本身的辅助保护出口联跳主变压器各侧。

采用本方案，应特别注意定值设定与回路接线的对应。若断路器辅助保护的功能、开出满足要求，但定值名称、逻辑说明等与实际接线不符且容易产生歧义时，原则上应对装置进行整体升级或更换。

失灵启动电流判别由断路器辅助保护实现的，要求断路器辅助保护能够提供三副触点，分别用于启动失灵保护、解除失灵保护的复合电压闭锁、经失灵动作延时启动主变压器非电气量跳闸回路实现联跳相应主变压器各侧断路器。失灵启动与联跳典型回路（三）如图 10-3 所示。为防止单一装置故障导致的保护误出口，采用保护动作触点开入断路器辅助保护的同时，在相应失灵启动、解除复压

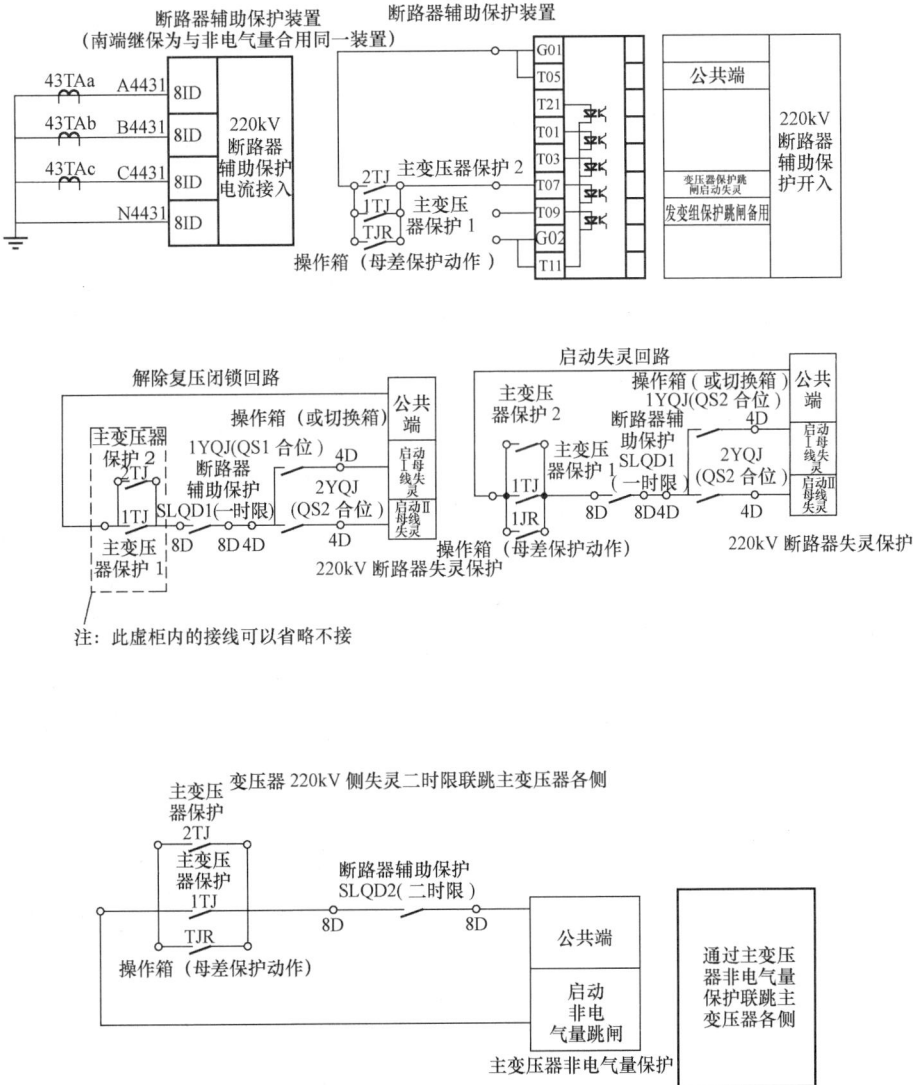

图 10-3　失灵启动与联跳典型回路（三）

以及联跳回路中均应串接保护动作触点。在保护动作开出触点有限的情况下，触点使用的优先级宜按开入断路器辅助保护装置、串接失灵启动回路、串接联跳回路、串接解除复压闭锁回路顺序考虑。

失灵启动电流判别由失灵（母差）保护实现的，主变压器断路器辅助保护实现联跳各侧功能，要求采用保护动作触点开入断路器辅助保护装置，并在联跳回路串接保护动作触点，经失灵动作延时启动主变压器非电气量跳闸回路，联跳主变压器各侧断路器。

高压站用变压器高压侧断路器失灵时应联跳低压侧相关断路器，未设计联跳回路的，应核实低压侧是否有电源或存在外来电倒供回路，核实备自投或快切装置逻辑（确保切换成功或不带故障点运行，保证站内供电）。综合分析系统及厂站供电安全的风险，必要时应完善回路或备自投（快切）装置逻辑。

10.2 双重化配置重合闸配合原理及二次回路设计要求

【出处】《关于双重化配置重合闸配合原理及二次回路设计讨论会议纪要》（南方电网纪要系统〔2012〕第 82 期）

【目的】 规范 220kV 线路保护双重化配置重合闸的配合逻辑及二次回路，提高重合闸动作的可靠性。

【反措要求】

（1）新建线路和技改工程（包括未验收工程）投运时，应投入两套重合闸功能及出口。两套线路保护重合闸之间不采用相互启动方式，但应具有重合闸直接闭锁回路。该回路采用保护装置闭锁重合闸触点或永跳触点接入另一套保护闭锁重合闸开入，如图 10-4 所示。

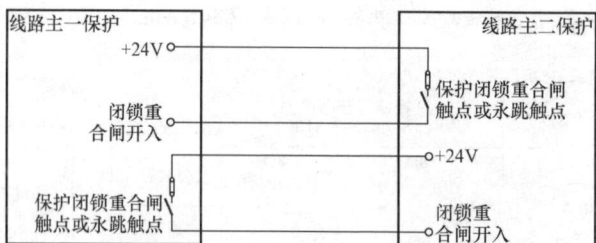

图 10-4 两套重合闸直接闭锁方式

（2）对于已投入运行且双重化配置重合闸功能的线路保护，应投入两套重合闸功能及出口。两套重合闸之间未接相互闭锁回路的线路，当重合闸方式为综重或三重时，完善重合闸相互闭锁的回路接线，如图 10-4～图 10-6 所示。

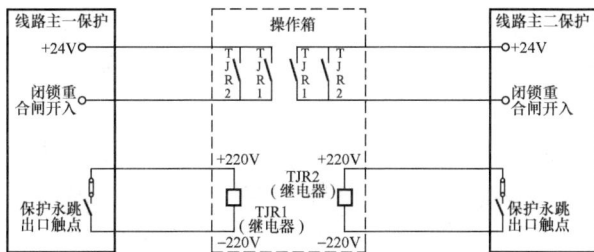

图 10 - 5 两套重合闸间接闭锁方式

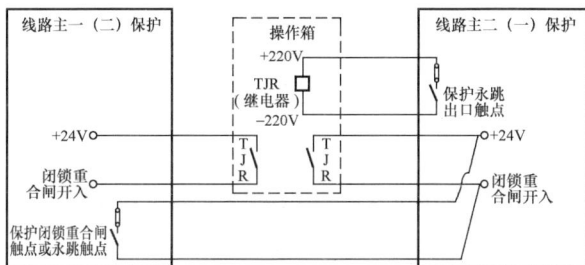

图 10 - 6 两套重合闸混合闭锁方式

两套重合闸直接闭锁方式如图 10 - 4 所示，即线路主一和主二保护分别提供闭锁重合闸触点或永跳触点接入另一套保护闭锁重合闸开入的接线方式。

两套重合闸间接闭锁方式如图 10 - 5 所示，即线路主一和主二保护永跳后分别启动操作箱永跳继电器 TJR1 和 TJR2，操作箱永跳继电器 TJR1 和 TJR2 励磁后各输出两副永跳触点，接至两套线路保护闭锁重合闸开入的接线方式。

两套重合闸混合闭锁方式如图 10 - 6 所示，即线路主一保护将闭锁重合闸触点或永跳触点接入主二保护的闭锁重合闸开入，主二保护永跳启动操作箱永跳继电器，由操作箱永跳继电器励磁后输出两副永跳触点，分别接至两套线路保护闭锁重合闸开入的接线方式（主一和主二保护闭锁重合闸的方式跟保护配置有关，图中操作箱永跳继电器和触点均用 TJR 表示，不作第一组和第二组的区分）。

10.3 电压切换继电器同时动作信号应采用双位置继电器触点

【出处】《关于做好电压切换相关回路反措工作的通知》（广东调继〔2007〕55 号）

【案例】 某站 220kV 母差保护动作，切除 220kV Ⅰ、Ⅱ 母线上所有断路器，造成全站失压。

电压切换回路如图 10 - 7 所示。该站在进行 220kV 乙线由Ⅱ母倒至Ⅰ母、Ⅱ母分列运行的操作中,Ⅱ母母线隔离开关辅助转换开关动断触点因接触不良而未能接通。该电压切换回路的电压切换部分采用双位置继电器,告警监视继电器采用常规电压继电器并串入母线隔离开关动合触点的模式,因此在操作结束后,用于Ⅱ母电压切换的 4 个双位置继电器 2YQJ4~2YQJ7 不能复归,用于Ⅱ母电压切换回路告警监视的继电器 2YQJ1~2YQJ3 正常复归返回,而Ⅰ母的电压切换继电器 1YQJ4~1YQJ7 均处于动作状态,将 220kV 1 号 TV 二次电压经乙线的电压切换回路送至 2 号 TV 小母线(220kV 母联开关断开),因继电器 2YQJ1~2YQJ3 失压,n223~n224 回路不能发出"切换继电器同时动作"信号,致使运行人员无法发现。由于母线分列运行,220kV 1 号 TV 二次电压通过乙线的电压切换回路反充至 220kV 2 号 TV 及 220kV Ⅱ母线,导致乙线保护 CZX - 12R1 操作箱电压切换回路流过充电电流而发热,进而导致操作箱电压切换回路插件、C 相出口插件烧毁。又由于该站失灵启动也利用了电压切换继电器选择母线,导致直流窜入失灵启动回路,失灵启动回路间歇性接通,因此 TV 二次电压出现较大的波动(录波显示 TV 二次电压出现不平衡电压约为 8~12V,失灵保护的零序闭锁电压定值为 6V),导致失灵保护开放并正确动作出口。

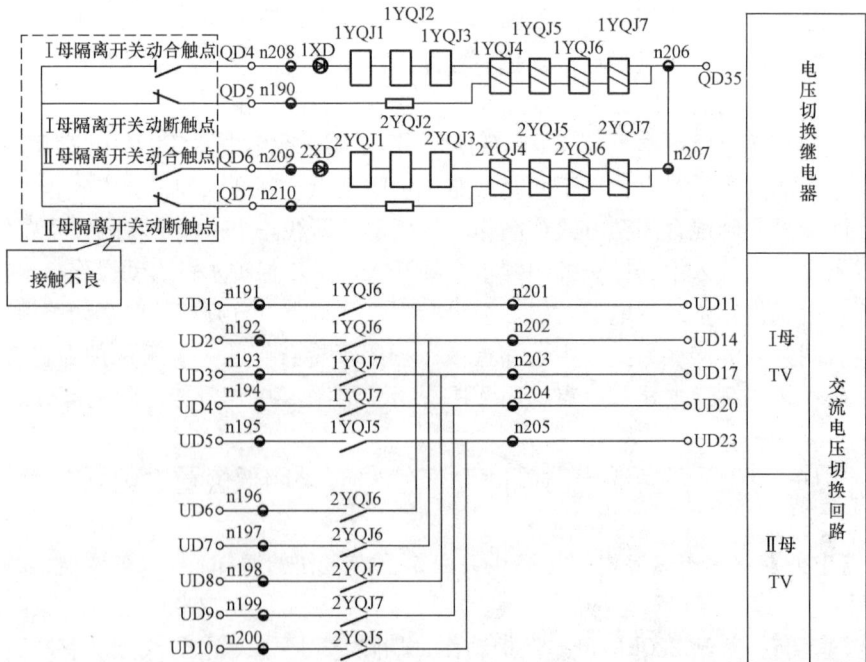

图 10 - 7 电压切换回路

【释义】 "切换继电器同时动作"信号监视回路如图 10-8 所示。当保护屏的电压切换回路采用双位置继电器触点时，如遇隔离开关位置异常或双位置继电器本身故障引起触点粘死，导致两组电压非正常并列的情况，以上信号会保持直至故障排除。

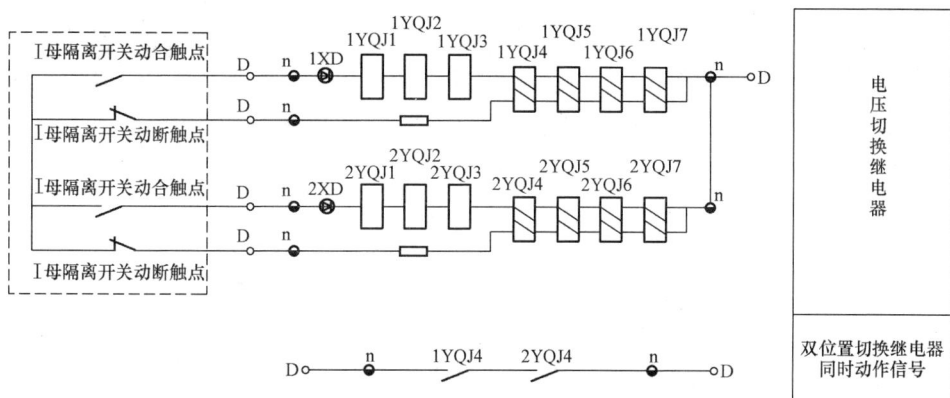

图 10-8 "切换继电器同时动作"信号监视回路

电压切换回路主要用于解决双母线接线形式下，保护不能自行选择母线电压的问题。传统设计中，也可利用该回路实现失灵启动和失灵保护出口跳闸时的母线选择。

为正确选择母线电压，电压切换回路需解决的问题如下：

（1）如实反映一次隔离开关位置。

（2）当电压切换回路失电时，仍能按失电前的工作状态为保护装置提供母线电压。

（3）当电压切换回路失电时，应发告警信号，提示运行人员处理。

（4）为防止两组母线电压在二次侧异常并列，当两条母线的电压切换继电器同时动作时，也应发告警信号。

在设计中，电压切换回路采用母线隔离开关的动合辅助触点串接常规电压继电器的做法，当电压切换回路失电时（如回路接线松动或触点接触不良），保护装置也随之失去母线电压，造成电压互感器断线甚至保护不正确动作。

在随后的改进中，电压切换回路采用母线隔离开关的动合辅助触点串接双位置电压继电器励磁线圈，母线隔离开关的动断辅助触点串接双位置电压继电器返回线圈的做法。若切换回路失电，继电器并不返回，但对告警信号，没有考虑母线隔离开关的动断辅助触点接触不良的情况，因此，"切换继电器同时动作"仍采用母线隔离开关的动断辅助触点串接常规电压继电器的做法，即用两条母线的

189

两个继电器（1YQJ1 和 2YQJ1）的动合触点串接后，作"切换继电器同时动作"的报警信号。由于这两个继电器仅反映母线隔离开关动合辅助触点的状态，没有自保持能力，所以当隔离开关的动断辅助触点接触不良时，若进行该间隔的倒闸操作，就会造成两条母线的双位置继电器同时动作，但"切换继电器同时动作"告警继电器不动作的情况。若此时两条母线一次电压不一致，就会进一步导致两组母线电压在二次侧异常并列的问题，会在电压切换回路形成很大的环流，可能烧毁电压继电器和操作箱。由于传统设计中利用电压切换回路实现失灵启动和母线差动失灵保护出口跳闸的母线选择，因此当电压切换继电器烧毁时，还可能导致误启动失灵保护和母线差动保护误动的严重事故。

【反措要求】

（1）新建变电站或线路的回路设计时保护屏的电压切换回路中切换继电器同时动作信号应采用双位置继电器触点，以便监视双位置切换继电器工作状态。对于已投运的设备，若原有回路利用单位置继电器触点发信的，应利用本屏内已有的备用双位置继电器触点，并将其接到原有的单位置继电器同时动作的信号触点上。图 10-9 中粗实线所示为增加屏内端子间的配线。

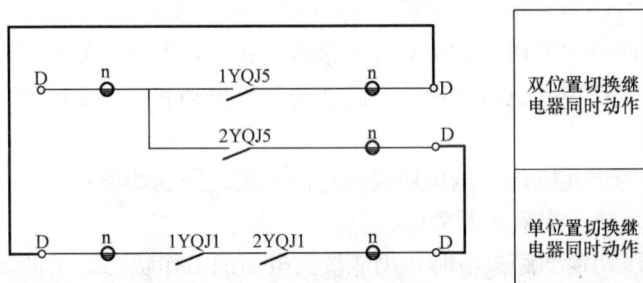

图 10-9 已投运厂站"切换继电器同时动作"信号监视回路改造图

（2）母线运行方式的判别应由断路器失灵保护完成。

（3）新建变电站断路器失灵保护应包含在母线保护内，此时电流检测由母差装置提供，判别启动功能由断路器失灵保护完成。

⑩.4 母差（失灵）保护判别母线运行方式的开关量的使用要求

【出处】 《广东省电力系统继电保护反事故措施（2007 版）》

【案例】 在对某 220kV 主变压器定检时，由于试验人员将主变压器保护操作箱 110kV "YQ 插件"与 220kV "YQ 插件"同时拔出，且未做任何标识记录，致使在恢复时将两块插件弄混误插。又由于该站失灵保护采用在失灵启动回路串入电压切换触点实现选母线功能，造成直流正电源被送入电压切换触点失灵保护侧，导致失灵保护误将母联断路器切开。

【释义】 微机母线保护、失灵保护的判别母线运行方式的开关量输入触点采用开关场地母线隔离开关和断路器的辅助触点，不采用经过重动的电压切换触点和跳闸位置继电器 TWJ 触点。一方面可防止重动继电器及其辅助触点发生故障时导致母差或失灵保护误动；另一方面可有效简化母差保护外部回路，提高双重化配置的两套母差保护之间回路的独立性。从开关场地引母线隔离开关和断路器的辅助触点到控制室保护屏是一个长距离的电气传输过程，为抗电磁干扰，使用强电源（直流 220V 或 110V）作为开关量电源。

220kV 失灵保护判别母线运行方式的两种典型回路分别如图 10-10、图 10-11 所示。采用开关场地母线隔离开关和断路器辅助触点的失灵启动回路原理接线如图 10-10 所示。串接电压切换触点的失灵启动回路原理接线如图 10-11 所示。运行经验表明，采用后一种利用电压切换回路判别母线运行方式的做法由于回路复杂，增大了运行、调试中的风险，容易引发误动事故。

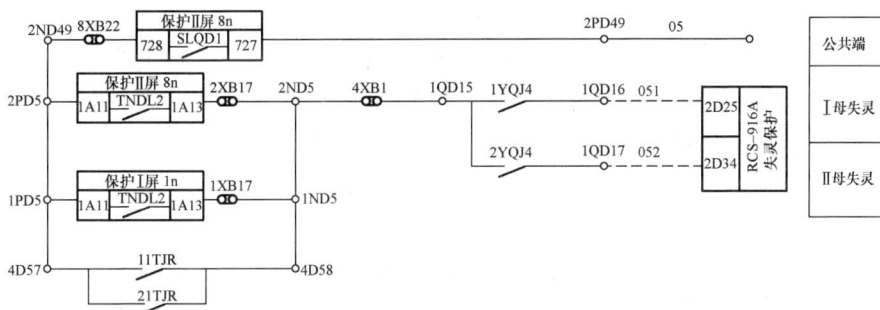

图 10-10　采用开关场地母线隔离开关和断路器辅助触点的失灵启动回路原理接线

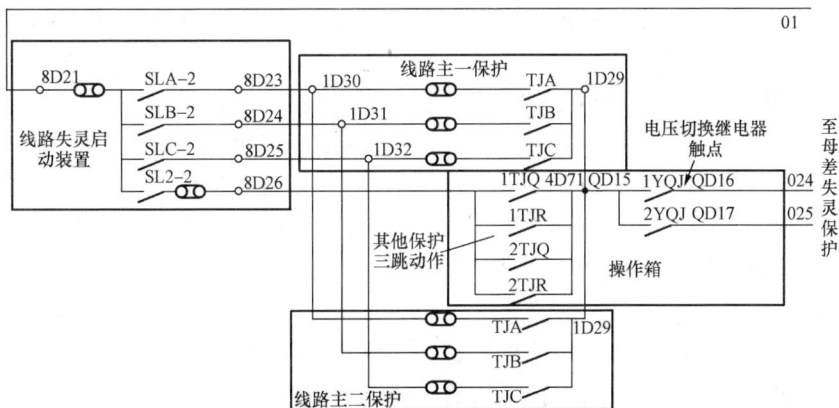

图 10-11　串接电压切换触点的失灵启动回路原理接线

10.5 220kV 线路保护"远方跳闸"和"其他保护动作停信"回路规范

【出处】《关于检查完善 220kV 线路保护"远方跳闸"和"其他保护动作停信"回路的通知》(南方电网调继〔2011〕14 号)

【案例】 某站 220kV 母线故障分析发现,国电南自 FCX-12HP 型断路器操作箱内 12 号插件永跳继电器和三跳继电器动合触点的跳线设置不合理,造成永跳继电器动合触点未接入线路保护"远方跳闸"和"其他保护动作停信"回路中,因此母线保护和失灵保护动作时,无法将"远方跳闸"和"其他保护动作停信"信号发送至线路对侧保护装置。

某 220kV 线路发生瞬时性故障,线路 M 侧三相跳闸重合成功,N 侧永跳不重合。检查发现,M 侧误将三跳继电器触点与永跳继电器触点并联后接入线路差动保护的"远方跳闸"开入回路,造成 N 侧收到对侧"远方跳闸"信号,永跳不重合。

【反措要求】

(1) 永跳继电器触点应接入"远方跳闸"和"其他保护动作停信"回路中,以实现在母线保护和失灵保护动作时,线路对侧保护可靠快速动作。

(2) 三跳继电器触点不应接入"远方跳闸"回路。

(3) 三跳继电器触点不宜接入"其他保护动作停信"回路。

10.6 220kV 及以上电压等级的断路器均应具备断路器本体三相不一致保护

【出处】《关于规范断路器本体三相不一致保护运行的通知》(南方电网调继〔2011〕6 号)

【案例】 某 500kV 变电站 1 号主变压器停电检修工作结束后,在进行复电操作过程中,合上 500kV 侧 5011、5012 断路器后,在操作 220kV 侧 2001 断路器合闸时,因控制断路器合闸的 11-12 触点接触不良,造成 2001 断路器 A、B 相无法合闸,断路器非全相运行。同时,由于该断路器无本体不一致保护,导致 220kV 线路对侧及本变压器保护零序后备跳闸,事故范围扩大。

【反措要求】

(1) 220kV 及以上电压等级的断路器均应具备断路器本体三相不一致保护。

(2) 断路器本体不一致保护采用的时间继电器应质量良好,定时时间在 0~5s 连续可调,刻度误差与时间整定值静态偏差小于等于 ±0.1s,且应保证在强电磁环境下运行时不易损坏，不会发生误动、拒动。该保护用的跳闸出口重动继电器宜采用启动功率不小于 5W、动作电压介于（55%～65%）U_N、动作时间不小于 10ms 的中间继电器。

（3）220kV 及以上断路器（不含直调电厂变压器 220kV 断路器）本体三相不一致保护动作时间应按 2s 或接近 2s 整定，但装置实际动作时间 220kV 断路器应不低于 1.4s，500kV 断路器应不低于 1.8s。

10.7　500kV 厂（站）3/2 断路器接线应配置双侧电流互感器

【出处】　《关于开展 500kV 厂（站）3/2 断路器接线 TA 配置风险提示和核查工作的通知》（南方电网调继〔2013〕4 号）

【案例】　500kV 某站发生断路器与 TA 间相间故障，由于该站 3/2 断路器接线方式的断路器只在单侧安装 TA，主保护动作无法快速切除故障，由断路器死区保护动作跳开相邻断路器，故障持续时间约 260ms。故障造成多回直流同时换相失败，严重威胁了电网的安全稳定运行。

【反措要求】

（1）新建、扩建 500kV 厂（站）3/2 断路器接线方式的断路器均应配置双侧 TA。

（2）对只在断路器单侧安装 TA 的厂（站）进行稳定性校核计算时，无法满足稳定性要求的厂（站）应进行风险提示。

10.8　220kV 与 110kV 变压器中性点接地方式安排与间隙保护配置及整定

【出处】　《220kV 与 110kV 变压器中性点接地方式安排与间隙保护配置及整定要求》（南方电网调继〔2010〕31 号）

【目的】　合理安排变压器中性点接地方式，优化保护定值配合，防止变压器间隙保护误动作。

【反措要求】

（1）变压器中性点接地方式安排要求。110kV 和 220kV 电网变压器中性点接地运行方式应满足变压器中性点绝缘承受要求，并尽量保持变电站的零序阻抗基本不变且系统在任何短路点的零序综合阻抗不大于正序综合阻抗的 3 倍。

1）自耦变压器中性点必须直接接地或经小电抗接地。

2）没有改造的薄绝缘变压器中性点宜直接接地运行。

3）220kV 变压器的 110kV 侧中性点绝缘等级为 35kV 时，220kV 侧、

110kV 侧中性点应直接接地运行，变压器的 220、110kV 侧中性点接地方式宜相同；220kV 厂（站）宜按一台变压器中性点直接接地运行；有两台及以上变压器的 220kV 厂（站），220kV 或 110kV 侧母线任意一侧或两侧分列运行时，每一段母线上应保持一台变压器中性点直接接地。

4）110kV 变压器 110kV 侧中性点绝缘等级为 66kV 时，中性点可不直接接地运行；110kV 中性点绝缘等级是 44kV 及以下的变压器，中性点宜直接接地运行；发电厂或中、低压侧有电源的变电站，厂（站）内宜保持一台变压器中性点直接接地；无电源供电的终端变压器中性点不宜直接接地运行。

（2）变压器中性点间隙保护配置要求。

1）间隙零序过电压应取 TV 的开口三角电压。

2）间隙零序电流应取自中性点间隙专用 TA。

3）间隙零序电压、零序电流宜各按两时限配置。

4）对于全绝缘变压器或中性点放电间隙满足取消条件的变压器（例如，中低压侧无电源且中性点绝缘等级为 66kV 的 110kV 变压器），间隙零序过电流保护应退出，间隙零序过电压保护可保留。

（3）变压器中性点间隙零序过电流、零序过电压保护整定要求。间隙保护主要有三种不同逻辑如图 10-12 所示。逻辑一为变压器间隙零序过电压元件单独经较短延时 T_1 出口，变压器间隙零序过电流和零序过电压元件组成"或门"逻辑，经较长延时 T_2 出口；逻辑二为变压器间隙零序过电压和零序过电流元件经各自独立延时 T_1、T_2 出口；逻辑三为变压器间隙零序过电流和零序过电压元件共用延时 T 出口。

1）逻辑一、二间隙保护动作时间整定要求。

a. 变压器间隙零序过电压保护动作跳变压器的时间应满足变压器中性点绝缘承受能力要求。

b. 110kV 变压器间隙零序过电压动作跳变压器时间宜取 220kV 变压器的 110kV 侧间隙零序过电压保护动作时间再加一个时间级差。

c. 中低压侧有小电源并网的 110kV 变压器，其间隙零序过电压保护动作后第一时限先跳小电源进线断路器，第二时限跳变压器。

d. 220kV 变压器 220kV 侧中性点间隙零序过电流保护动作跳变压器的时间与 220kV 线路单相重合闸周期（故障开始至线路断路器单相合闸恢复全相运行）配合，110kV 侧中性点间隙零序过电流保护动作跳变压器时间与 110kV 线路保护全线有灵敏度段动作时间配合，级差宜取 0.3~0.5s。

e. 110kV 变压器中低压侧有小电源并网时，间隙零序过电流保护动作后第一时限先跳小电源进线断路器，与 110kV 线路保护全线有灵敏度段动作时间配合，第二时限跳变压器。

f. 110kV 变压器中低压侧没有小电源并网时，间隙零序过电流保护动作跳变压器时间与 110kV 线路后备保护的距离Ⅲ段及零序Ⅳ段动作时间配合，并宜与 220kV 变压器 110kV 侧间隙零序过电流保护动作时间配合。

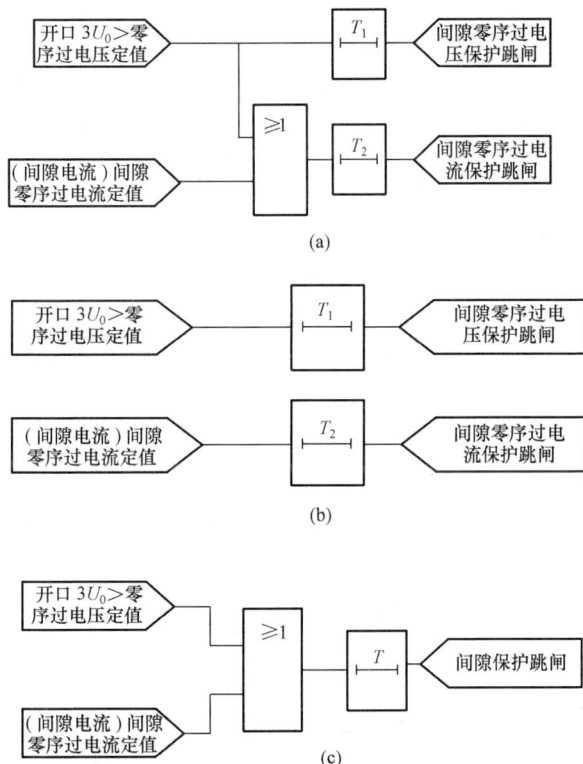

图 10-12　间隙保护逻辑

(a) 逻辑一；(b) 逻辑二；(c) 逻辑三

2) 逻辑三间隙保护动作时间整定要求。

a. 220kV 变压器间隙保护动作跳变压器的时间应满足变压器中性点绝缘承受能力要求，220kV 侧间隙保护动作时间与 220kV 线路单相重合闸周期配合，110kV 侧间隙保护动作时间与 110kV 线路保护全线有灵敏度段动作时间配合。

b. 110kV 变压器中低压侧有小电源并网时，110kV 变压器间隙保护后第一时限先跳小电源进线断路器，第二时限跳变压器。第二时限应满足变压器中性点绝缘承受能力要求且与 110kV 线路保护全线有灵敏度段配合。

c. 110kV 变压器中低压侧没有小电源并网时，110kV 变压器间隙保护跳变压器动作时间与 110kV 线路后备保护的距离Ⅲ段及零序Ⅳ段保护动作时间配合，并宜与220kV变压器110kV侧间隙零序过电流保护动作时间配合。

10.9 220kV 及 110kV 系统 P 级电流互感器的选型要求

【出处】 《关于开展 220kV 及 110kV 系统电流互感器校核工作及明确防范饱和风险有关要求的通知》（南方电网调继〔2011〕18 号）

【案例】 某 110kV 线路差动保护动作跳闸。调查发现，线路保护动作发生于此线路所供变压器空载合闸过程中，线路一侧电流互感器在变压器空载充电时发生饱和，导致线路两侧差保护误动跳闸。

因电流互感器饱和引起的误动时有发生，暴露出一次短路电流大于或接近（达到 80%）电流互感器的额定准确限值一次电流，在暂态分量影响下迅速饱和的问题。

【反措要求】 220kV 及 110kV 系统 P 级电流互感器选型要求：①电流互感器额定准确限值一次电流应大于最大短路电流，最大短路电流的计算应综合考虑电网的发展情况，并保留一定的裕度；②110kV 及以上新建变电站应选用额定二次电流为 1A 的电流互感器；③电流互感器的暂态系数应大于 2.0。

【电流互感器的核算方法】 为方便表述，以下计算均以表 10 - 1 所列参数为例。

表 10 - 1　　　　　　　　　　电流互感器核算用示意参数

项目名称	代号	参数	备注
额定电流比	K_n	600/5	
额定二次电流	I_{sn}	5A	
额定二次负载视在功率	S_{bn}	30VA（变比：600/5）	不同二次绕组抽头对应的视在功率不同
额定二次负载电阻	R_{bn}	1.2Ω	
二次负载电阻	R_b	0.38Ω	
二次绕组电阻	R_{ct}	0.45Ω	
准确级		10	
准确限值系数	K_{alf}	15	
实测拐点电动势	E_k	130V（变比：600/5）	不同二次绕组抽头对应的拐点电动势不同
最大短路电流	I_{scmax}	10 000A	

（1）电流互感器额定二次极限电动势校核（核算 TA 是否满足铭牌保证值）。

1）计算二次极限电动势

$$E_{sl} = K_{alf} I_{sn} (R_{ct} + R_{bn}) = 15 \times 5 \times (0.45 + 1.2) = 123.75 (V)$$

当二次绕组电阻 R_{ct} 有实测值时取实测值，无实测值时按下述方法取典型内阻值：$1\sim1500A/5A$ 产品取 0.5Ω；$1500\sim4000A/5A$ 产品取 1.0Ω；$1\sim1500A/1A$ 产品取 6Ω；$1500\sim4000A/1A$ 产品取 15Ω。

当通过改变 TA 二次绕组接线方式调大 TA 的变比时，需要重新测量 TA 的额定二次绕组电阻

$$R_{bn} = S_{bn}/I_{sn}^2 = 30/25 = 1.2 (\Omega)$$

当通过改变 TA 二次绕组接线方式调大 TA 的变比时，需要按新的二次绕组参数，重新计算 TA 的额定二次负载。

2）校核额定二次极限电动势。有实测拐点电动势时，要求额定二次极限电动势应小于实测拐点电动势

$$E_{sl} = 123.75 < E_k = 130 (V)$$

结论：TA 满足其铭牌保证值要求。

（2）计算最大短路电流下 TA 的饱和裕度（用于核算在最大短路电流下 TA 的饱和裕度是否满足要求）。

1）计算最大短路电流时的二次感应电动势

$$E_s = I_{scmax}/K_n (R_{ct} + R_b) = 10\,000/600 \times 5 \times (0.45 + 0.38) = 69.16 (V)$$

TA 实际二次负荷电阻 R_b（此处取实测值 0.38Ω）有实测值时取实测值，无实测值时可用估算值计算，估算值的计算方法如下

$$R_b = R_{dl} + R_{zz}$$

式中　R_{dl}——二次电缆电阻，Ω；

　　　R_{zz}——二次装置电阻，Ω。

二次电缆电阻

$$R_{dl} = (\rho_{Cu} \times L)/S = 1.75 \times 10^{-8} \times 200/(2.5 \times 10^{-6}) = 1.4 (\Omega)$$

式中　ρ_{Cu}——铜的电阻率，取 $1.75 \times 10^{-8} \Omega \cdot m$；

　　　L——电缆长度，取 $200m$；

　　　S——电缆芯截面积，取 $2.5mm^2$。

二次装置电阻

$$R_{zz} = S_{zz}/I_{zz}^2 = 1/25 = 0.04 (\Omega)$$

式中　R_{zz}——保护装置的额定负载值，Ω；

　　　S_{zz}——保护装置交流功耗，查阅相关保护装置说明书中的技术参数，该处以 $1VA$ 为例；

　　　I_{zz}——保护装置交流电流值，根据实际情况取 $1A$ 或 $5A$，该处以 $5A$ 为例。

以电流回路串联 $n=2$ 个装置为例，计算二次总负载

$$R_b = R_{dl} + nR_{zz} = 1.4 + 2 \times 0.04 = 1.48(\Omega)$$

2）计算最大短路电流时的暂态系数

$$K_{td} = E_k/E_s = 130/69.16 = 1.88 < 2.0 (要求的暂态系数)$$

结论：TA 的饱和裕度小于 2 倍暂态系数，TA 的饱和裕度不满足要求。

10.10 变压器非电气量保护

【出处】《深圳供电局有限公司继电保护反事故措施汇编（2013 版）》

【反措要求】

（1）变压器的瓦斯保护应防水、防油渗漏。气体继电器由中间端子箱引出的电缆应直接接入保护柜。非电气量保护的重动继电器宜采用启动功率不小于 5W、动作电压介于（55%～65%）U_N、动作时间不小于 10ms 的中间继电器。

（2）电气量保护与非电气量保护的出口继电器应分开，不得使用不能快速返回的电气量保护和非电气量保护作为断路器失灵保护的启动量，且断路器失灵保护的相电流判别元件动作时间和返回时间均不应大于 20ms。

（3）为防止冷却器油泵启动时引起的油压突然变化导致重瓦斯保护误动作，应进行单台及多台油泵启停试验，检查重瓦斯保护动作情况。若出现误动，应采取针对性措施。

（4）主变压器压力释放阀的动作触点只接入信号回路，不得接入跳闸回路。

（5）线圈温度计和顶层油温度计的动作触点不得直接或不加闭锁条件直接串接中间继电器出口跳闸，变压器温度高可接报警发信。

（6）强迫油循环变压器的冷却系统必须有两个相互独立的冷却系统电源，并装有自动切换装置。

（7）冷却器全停保护整定。

1）自然油循环风冷变压器冷却器全停时发信号，不设出口跳闸。

2）采用片式散热器和冷却方式为 ONAN/ONAF/OFAF、ONAN/ONAF/ODAF 的变压器，冷却器系统故障切除全部冷却器时应发信号，然后启动延时 20min，当顶层油温度达到 105℃时出口跳闸。

3）采用管式冷却器和冷却方式仅为 OFAF 或 ODAF 的变压器，冷却器系统故障切除全部冷却器时应发信号，然后启动延时 20min（制造厂有规定时间的，按制造厂规定的时间执行），当顶层油温度达到 75℃时出口跳闸，但在这种状况下的运行时间最长不得超过 1h。

本章思考题

1. 220kV 及以上系统变压器断路器失灵应联跳变压器什么断路器?

2. 写出双重化配置重合闸配合原理及二次回路设计要求。

3. 写出母差(失灵)保护判别母线运行方式的开关量的使用要求。

4. 如何规范 220kV 线路保护"远方跳闸"和"其他保护动作停信"回路?

5. 写出断路器本体三相不一致保护反事故措施要点。

6. 500kV 厂(站)3/2 断路器接线双侧电流互感器应如何配置?

7. 写出 220kV 及 110kV 系统 P 级电流互感器的选型要求。

8. 写出变压器非电气量保护反事故措施要点。

参 考 文 献

[1] 王梅义. 电网继电保护应用 [M]. 北京：中国电力出版社，1999.

[2] 赵曼勇，舒双焰，赵有铖. 高压电网防保护死区电流互感器保护绕组的配置及反措 [J]. 电力系统保护与控制，2010，38（5）：132－134.

[3] 国家电力调度通信中心. 电力系统继电保护实用技术问答 [M]. 2版. 北京：中国电力出版社，2000.

[4] 国家电力调度通信中心. 电力系统继电保护典型事故分析 [M]. 北京：中国电力出版社，2001.

[5] 邹森元. 《电力系统继电保护及安全自动装置反事故措施要点》条例分析 [M]. 北京：中国电力出版社，2005.

[6] 王世祥，刘千宽. 电流互感器二次回路现场验收及运行维护 [M]. 北京：中国电力出版社，2013.